轻松打造

阳台农场

韩国亚米花园 著
程玉敏 译

中国轻工业出版社

前 言

从农场到阳台农场

我小时候经常在假期去乡下奶奶家待上一段时间。那是个连常见的游戏机和电视机都没有的地方，但是，在大自然里玩耍，非常治愈，现在回想起来，那是一个充满珍贵回忆的地方。特别是奶奶早上给我做的极具乡土气息的早饭，一碗白米饭、从菜地里摘来的几片生菜和苏子叶，加上奶奶做的包饭酱，虽然都是蔬菜，但那充满乡土气息的饭菜却让我觉得那是世界上最美味的食物。

奶奶去世后，我就开始买菜吃了，但奇怪的是，怎么都没有奶奶农场里的蔬菜的味道了。到底为什么味道不一样呢？都是一样的蔬菜呀。直到有一次偶然去了体验农场，蓦地，我产生了一个想法，如果我也像奶奶一样去种菜，蔬菜会不会就有那时的味道了呢？于是，我开始在阳台种一盆、两盆蔬菜。那样亲自种出的无农药、无化学肥料的蔬菜都很新鲜，口感脆爽、清香，风味浓厚，味道香甜。也许，我这个被农村农场里直接种植蔬菜的味道惯坏的人，是注定会在阳台种菜的。

就这样，从苏子叶、生菜这些叶菜到结果的蔬菜，家中的阳台菜园出产多样而丰足。随着所种植蔬菜的增加，不仅对蔬菜，对其他植物也多了关心，现在家里不仅有蔬菜，还有薄荷、花、观叶植物、多肉植物，打造了属于我自己的小农场和室内庭园。

能建成内容如此丰富的阳台农场，亲手制作花盆架的爸爸、在我忙碌没有时间时常帮忙照顾的妈妈都功不可没。在此，我要向给予阳台农场热爱和支持的二位表示真挚的感谢！

本书是我整理的打造阳台农场过程中积累的种植经验和一些关于植物的心得。希望此书能给想打造阳台农场的所有朋友带来帮助，并能和此书一起培育植物，让心灵得到治愈。

目 录

Part 01
为阳台农场做准备

Part 02
姹紫嫣红
打造阳台农场

Part 03
打造有花、有草的
浪漫阳台庭园

Part 04
强烈推荐给
园艺新手的4种植物

Part 05
每天可以享用的阳台农场
饮食生活

Part 06
整个四季
阳台农场氛围浓

Sweet
Home

魅力无穷的地方，
喜欢阳台农场的理由

1. 容易管理

如果在周末农场或者露天农场种植植物，不仅有虫子的担忧，还会受到台风、暴雨等自然灾害的侵袭。另外，如果农场离家不近，就很难经常去照顾。但是，如果是在家里的阳台上种植，无论是下雨还是台风，抑或是冷到不想出门的冬天，365天，与外界的天气无关，每天都可以照顾到。

2. 可以治愈心灵

在家庭阳台农场里，能比任何人都优先，尽情享受四季的变化。看着绿油油的植物，能让人感受到大自然的生机，让人一整天都活力满满、拥有好心情。在冷漠的城市生活中，光是看一看就能让人幸福满满的阳台农场，让人的心灵得到治愈。

3. 可以种植健康的蔬菜

在自家阳台农场种植无农药、无化肥的蔬菜等，健康又新鲜的蔬菜可以随吃随采。与超市里售卖的施了农药、化肥长大的或者还未成熟就采摘的蔬菜、水果不同，自己亲自种植的蔬菜虽然小，但却另有一番风味，味道也特别好。而且，还可以培育一些平时不常见的蔬菜，用来做美食，也是一件乐事。

4. 亦有益于孩子的教育

关注、照顾植物从种子开始逐渐破土、发芽、长大的过程，有助于培养孩子的责任感、感知生命的珍贵，不爱吃的孩子也会对蔬菜变得更加关心，逐渐开始吃蔬菜。因为照顾植物的关系，和爸爸、妈妈在一起的时间增加了，也有助于形成亲密的亲子关系。

5. 尽情享受充满感性的家园

在阳台农场也可以种植美丽的花草，其丰盛程度不亚于室外庭园。在日照时间足够长、温度不低于10℃的南向阳台农场，可以把一年生植物养成多年生植物。在阳台种植薄荷，能起到芳（香）疗（法）的作用，把花晾干或者做成干花当作装饰品来用也很好。

开始打造阳台农场

1. 如果想开始打造阳台农场

带着对阳台农场的憧憬，开始种菜。如果曾经历过失败，那你可能还没了解自家的阳台环境。阳台能照进多少阳光是最先需要知道的要点。

如果是朝南阳台，种植各种蔬菜或者薄荷、花等植物都没有问题的。特别是秋冬季，光照时间依然较长，若在夏末播种一些耐寒作物，到冬季也可以有丰盛的收获。

朝东和朝西的房子，光照时间短，不适合种植那些需要充足日光照射的果实类或者根茎类蔬菜，种植叶类蔬菜或者在半阴的环境下也能长得很好的白鹤芋、常春藤等观叶植物或者薄荷为佳。

朝北、半地下，或者因前面有高的建筑物而背阴的地方，对于多数植物来讲属于阳光过于不足，较适合在阴暗环境下也能长得好的蕨菜等喜阴植物。另外，仅用室内灯也能种植的虎尾兰、麻属植物等亦很适合，短期内就能收获的麦苗也很值得推荐。晚秋后至春天到来前，植物要移到房间里。

除了阳台，通风好、阳光充足的窗台也可以打造成家庭小农场。

2. 充分利用阳台的方法

阳台空间是有限的，而想种植的植物越来越多，花盆必然会越来越多。为有效利用空间，比起把花盆放在地上，更推荐将花盆放在多层花架上。利用吊钩养花或者蔬菜也是一种不错的方法。

3. 阳台农场所需要的园艺工具

- 花铲：给花盆装土、移苗时，以及混合土的时候使用。
- 园艺剪：收获蔬菜时或者剪枝时使用。
- 喷壶：给植物浇水时使用。
- 喷雾器：为增加湿度而喷水或者喷洒农药时使用。
- 垫网：防止土壤流失。
- 支架：牵引藤蔓植物，防止倒伏。
- 塑料泡沫碎片：垫在花盆下面，防止地面的凉气上传。
- 名签插：写下播种日期、植物名称，插入土壤。
- 温湿度计：监测室内阳台的温度和湿度。
- 园艺手套：防止手部因过多接触土壤而变粗糙，保护手部避免受伤。
- 滴瓶、液剂瓶：用水稀释灭害虫的药或者液体肥时使用。
- 勺子：覆土或者移苗时使用。
- 锥子：给花盆底打孔时使用。
- 化妆棉：给种子保湿保温，为提高发芽率而使用。
- 镊子：移苗、间苗时，或者装饰育苗箱时使用。

4. 选择更能让植物茁壮成长的花盆

栽培植物时，要根据植物的特性和大小来选择花盆，就像人们想让孩子能在更舒适的环境中生活一样，植物也必须要有适合其生长的空间，才能长得更茁壮。

果实类用花盆

培育小苗的花盆

直径7厘米的小塑料花盆或塑料营养育苗盆较好。

叶菜类用花盆

适合果实类蔬菜（番茄、黄瓜、茄子等）、根茎类蔬菜（胡萝卜、土豆等）的花盆

有深度、宽敞的花盆较好。花盆越大、越深，蔬菜会长得越壮，收成会越好。

- 果实类蔬菜用盆应宽20厘米以上、深30厘米以上。
- 胡萝卜用盆应宽20厘米、深30厘米以上。
- 土豆、红薯等根茎类蔬菜用盆的容量应在20升以上。

薄荷、花卉用花盆

适合叶菜类的花盆

生菜等叶类蔬菜适合使用长条形的花盆。在长长的花盆里多播撒一些种子，随着生菜苗长大，可以随时间苗和食用，享受收获的乐趣。

多肉植物用花盆

适合薄荷、花草等的花盆

一般宽度、深度都达到10厘米以上的花盆即可。植物养大到一定程度换大盆即可。

适合多肉植物的花盆

小小的多肉植物花盆雅致又可爱。如果随着时间的流逝，多肉长大，就换大盆。

不同材质花盆的特点

- 塑料育苗盆：价格非常低廉，但用不了多久。
- 塑料花盆、栽培袋：价格低廉，轻便好移动，可使用很久。
- 木质花盆：漂亮、透气性好，但是时间长了以后，木头会腐烂，所以用不了很久。
- 陶制花盆：透气性极好，用久了会留下岁月的痕迹，那种复古的感觉很好。但是比较容易碎，越大的花盆越重，移动时有困难。
- 瓷花盆：虽然设计漂亮的花盆很多，但是易碎。
- 水泥花盆：虽然很漂亮，但越大的花盆越重，移动时有困难。
- 白铁、搪瓷花盆：轻盈、设计漂亮的花盆很多。需要在底部打孔，且容易生锈。

50
40
30
20
10
0
SAN FRANCISCO
SAN FRANCISCO

Part 01

...

为阳台农场做准备

水什么时候、怎么浇好

何谓好土

零失败发芽法

播种方法・移栽

施肥・植物管理方法

植物状态诊断和处理方法

水什么时候、怎么浇好

走在路上，看见花店前面陈列的薄荷，钟情于那淡淡的绿色。但是，养起来容易吗？难吗？虽然犹豫了片刻，想象着它长得茂盛的样子，最终决定买回家，并且还会问花店主人要浇多少水。听完花店主人一周浇一次或者一月浇一次的答复，回家后当圣旨般照做，很努力地浇水后，看着不知何时已经枯萎死去的薄荷，又多了一次让自己害怕养植物的经历。事实上，关于浇水，并没有固定的浇水周期。

浇水时间点多少会因花盆材质、植物大小、土的配比状态、排水状态、日照量、通风程度、温湿度等植物生长环境而提前或者推迟，所以按固定周期来浇水不是很合适。不要按固定周期来浇水，要根据土的干燥程度、植物的状态来浇水。

如果浇水不及时，植物会干枯、死去；少量淅淅沥沥地浇水，植物也长不好；水浇太多会让植物根部因氧气不足而无法呼吸，导致烂根。

第一，在给植物浇水前，最重要的事项是搞清楚植物的原产地和生长地。如果能知道植物本来的生活环境，会有很大帮助。比如水菊（鼠曲草）是主要栖息于湿地的植物，所以种植时也要保持湿润。像这样打造与植物生长地相似的环境，按其特点来浇水比较好。

第二，掌握浇水时间的方法一般是观察表层土壤是否干燥。用手指戳一下花盆里的土，看有没有水气。如果土很疏松、很干燥，就可以浇水了。

称重

称重

第三，抬起花盆感受一下重量。确认花盆里的土干燥的方法是抬起花盆掂一掂。抬起花盆时，如果感觉比较重，说明土里还有很多水分；如果感觉花盆变得很轻了，说明土都变干了，可以浇水了。

第四，也有一些植物，即使花盆里的土都已干燥，也不需要经常浇水。这些植物，应根据叶子、茎的状态来决定是否浇水。

一般来说，过了浇水时间的植物，叶子会蔫，没有生机，甚至枯萎或者变黄。图中就是过了浇水时间，土都非常干燥了，叶和茎都因缺水而枯萎的草本薄荷的样子。

水分充足的情况下，叶子青绿、挺括、有生机。这种情况下，即使土干了也不用浇水。如果浇水过量，会伤根，所以在浇水管理上以保持稍微有点干的状态为宜。

多肉植物、较高大的树木，不要总浇水。一直在干燥的环境中生活的植物，土壤保持干燥为宜。多肉植物叶片能贮存水分，所以浇水周期可以长一点。根据植物种类和大小，短则一周、一个月，长则半年不用浇水。

若叶片摸起来不挺括、厚度变薄、瘦弱时，就必须浇水了。否则，再怎么喜干燥的多肉植物也会渐渐萎缩、变色甚至枯萎而死。

掌握了浇水的方法，现在就来给植物浇水吧。一般来说，浇水要避开白天阳光很晒的时间，上午早早浇水。提前一天接好自来水，让水中的盐分蒸发掉。大致按2升土浇500毫升水的比例（假定土壤很干燥的情形下）浇水。花盆越大，装入的土越多，浇水量也要增加。如果是浇花，要尽量避免水碰到花叶。将装在瓶里的水哗一下全部浇完，土壤会变硬，所以最好用喷壶均匀浇水，让水慢慢渗入土壤。

不同季节的浇水次数也会有一些变化。在植物生长旺盛的春天、初夏，要常浇水，且每次都要浇透。温度高、湿度高的仲夏梅雨季最好不要浇水。在干燥的秋天，宜在花盆周围用喷雾器喷水，增加空气湿度。冬季，大部分植物停止生长，所以几乎不用浇水。如果是还未长大的植物，冬季也要浇水，但是与其他季节相比不必那么频繁。

盆浸法

浇水的最好方法是盆浸法。盆浸法的优点是水自下而上渗入花盆，花盆里的土全部充满水分，肥料成分也不会流失。具体做法是将花盆整体放入一个深点的大容器中，在容器里倒入充足的水。一般10～30分钟水就可以全部吸上来。

新苗浇水

刚出苗时，宜用细孔喷壶多喷洒几遍。因为种子刚发芽，茎还很娇嫩，一下子浇大量的水会让茎倒伏。给新苗浇水时，使用开口较小的饮料瓶或者滴剂瓶为好。

PREPARING

2

何谓好土

想打造一个阳台农场，最重要的是“土”。因为只有找到好的土壤，植物才能扎根并茁壮成长。在松软的土壤里，植物才能自由地呼吸、喝水、吸收养分，根须才能舒展。

贴士：不推荐随便去山上或者野外挖土使用。大多数土壤本身呈酸性，植物所需成分不足，排水性和透气性可能都不足，而且生活在土壤里的各种虫子也会随之而来。

好土是什么样子的呢

简单地说，就是含有大量微生物，保水性、排水性、透气性优良，酸度适中，病原菌或者害虫少的土壤团粒结构（土粒之间集合在一起的状态，植物可以健康地生长的土壤结构）的土。土壤贮存水的能力就叫保水性。如果土壤的保水性不好，会持续处于一个干燥的状态，植物会因得不到充足的水分供应而枯萎致死。

排水性是指排水的能力。水不积聚在一个地方，能很好地流出去才能保证不烂根，所以特别重要。阳台农场，不管怎么说都是在室内放置花盆进行植物栽培的环境，因此排水要非常好。

透气性是指土壤中空气流通的程度。团粒结构的土壤，土粒之间有空隙，有空气出入的通道，植物根部的氧气供应变得更加通畅。

另外，为了栽培出健康的作物，还需要恰当地配土。培育的环境和植物特性不同时，也需要调节一下pH值。

阳台农场主要使用的土壤配比

- 叶菜：园艺用床土6：堆肥（粪便土）3：沙石1。
- 果实类和根茎类蔬菜：园艺用床土1：堆肥（粪便土）1。
- 花草：园艺用床土6：珍珠岩3：堆肥1（自己配土的情况下，为椰糠土5：泥炭藓1：珍珠岩2：蛭石1：熏炭1）。
- 多肉植物：使用多肉植物专用土，或者自己配土（配比比例为培养土1：沸石2：腐叶土1：蛭石1：熏炭1：泥炭藓1：沙石2）。

贴士：栽培草莓时，使用蓝莓专用土或者泥炭藓和松针，按腐叶土的比例混合使用。为了防止水分快速干涸，宜在土上面加盖树皮或者椰糠土。

土壤

土壤的种类

1 床土：作为园艺用土，床土土质细腻、质轻、排水性能好，适合种植蔬菜。

2 培养土：主要用于花卉或者园艺植物翻盆时使用，保水能力好。

3 粪便土：是指蚯蚓在土壤中摄取各种营养成分经消化后排泻的物质。有机物丰富、保水能力优良，可以提高土质。

4 沙石：这是花岗岩风化而成的土。颗粒大、排水性好、透气性好。主要用于打造花盆底部排水层。

5 泥炭藓：寒冷沼泽地带的苔藓或者水草等堆积、分解成的天然有机物，pH值为3.5～4.5，呈酸性，排水性、透气性皆良，是很好的土壤改良剂。主要作为蓝莓栽培用土使用。

6 珍珠岩：用珍珠岩烤制而成的石头，多孔、质轻、可防止土壤变硬。多混合珍珠岩可提高排水性。

7 蛭石：pH值为7左右，是一种无菌材质，善于调节水质，多用于扦插。

8 树皮：排水、透气、保水能力皆佳。主要用于热带兰的种植。

9 熏炭：保水性和透水性皆良，有除臭和抑制各种细菌的作用。

10 腐叶土：天然有机物经长期分解、发酵而成的土，富含植物生长所需的营养成分，宜与堆肥混合使用。

11 沸石：保水能力、保肥能力及排水能力皆优。

12 椰糠土：将椰子壳打碎成小颗粒后加工而成的土壤改良剂。pH值为5.5～6.5，质轻、保温能力、保肥能力（土地具有肥料成分的长久程度）、吸水性优良，营养丰富。

零失败发芽法

所谓发芽，是指植物种子脱掉外壳，扎根，发出小芽。种子发芽都需要一定的条件，即水分、氧气、温度。这些条件不同时，发芽率和发芽时间都有所不同（在非陈年种子的前提下）。

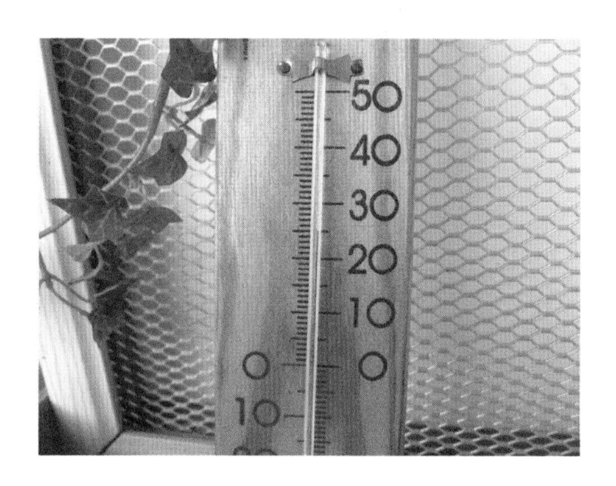

1. 保持植物最佳发芽温度

高温性植物，在湿度和温度都较高时，发芽率高。低温性植物，只有在温度低（20℃左右）时才会发芽，30℃以上几乎不会发芽。如果温度不对，就会造成发芽率很低或者花费很长时间，所以要尽可能保持最佳温度。在低温天气里播种高温植物时，在有暖气的房间里进行即可。在花盆下加电热毯也是不错的方法。

2. 区分需光发芽种子、需暗发芽种子

虽然有些植物种子发芽阶段对有无光照没有要求，但有些植物是不一样的。这分别称为喜光性种子（需光发芽种子）、厌光性种子（需暗发芽种子）。

1 需光发芽种子：必须有光照，没有光照则发芽慢，如生菜、茼蒿、胡萝卜、蒲公英、罗勒、牛蒡、紫苏、秋海棠、白菜、大头菜（擘蓝）、草莓、牛至、白头翁、芹菜、洋甘菊等。

2 需暗发芽种子：有光则发芽率降低，播种时埋深一点或者盖上遮光网，如番茄、黄瓜、茄子、大葱、萝卜、丝瓜、西瓜、南瓜、金盏花、鸡冠花、百日红、矢车菊、玻璃苣等。

3 不受光照影响的种子：发芽时间与有无光照无关。

1

2

3

3. 先用水泡一下可以缩短发芽时间

在容器里铺上化妆棉，用喷壶装水将化妆棉喷湿。将种子放在化妆棉上，再用喷壶喷水2~3次。盖上盖子（盖子上提前打几个孔，用来通风）。如果是需光发芽种子，就把容器放置在光照好的地方；如果是需暗发芽种子，则放在无光的地方。

1~3天后，种子发出白色的小芽，立即把种子播种到土壤里。要经常查看，适时喷水以免过干。不同作物发芽时间不同，有些可能需要更长时间。如果是高温的盛夏，在室温下浸泡种子，种子有可能会烂掉，所以需要注意。

4. 让土壤保持湿润

播种时，要浇透水后再放种子。如果种子的水分流失、干燥，就不会发芽，要多喷水，保证不干燥。

播种方法

随着阳台农场里种植作物逐渐增加，播种宜在育苗盘和育苗袋里进行。在大架子上摆放几十个带盆托的花盆，浇水时往盆托里加水，这样更方便。播种微小种子或者在低温的早春播种时，宜用小的育苗盆，将其放置于室内发芽，可以保证温度，较为合适。但是，初学者可能会发生在往大盆移苗时不慎让苗死掉的情况，所以建议直接在计划使用的花盆里播种。胡萝卜、萝卜、土豆等根茎类蔬菜一定要直接种植在大盆里。

1. 提前1～2天将种子浸泡在水里，使其稍微长出一点根儿。
2. 在花盆底部垫上垫网（防止土壤流失），铺风化花岗岩土，制作排水层，以刚好覆盖住垫网为佳。
3. 土壤配好后装入花盆，不要装满，留出5厘米左右的边。
4. 用喷壶喷水将土充分浇透（确认排水孔出水）。

5. 用锥子或者牙签等尖锐工具在土里划出浅沟。
6. 沿着浅沟，每隔一定间隔将种子放入。如果用手不方便，可用镊子或者钎子等工具。重要的是不要在同一个地方放多个种子！否则以后间苗也很费劲，还会使幼苗扎根不稳，无法茁壮成长，所以宜间隔播种。
7. 在种子上撒约2毫米床土覆盖，用喷壶喷水，使土壤湿润。注意多喷水，保持土壤湿润。
8. 若是需光发芽种子，应将花盆放置于光线照射良好的地方；若是需暗发芽种子，应覆盖遮光网。

移栽

如何区分出好苗? 选择叶片完整、翠绿，表面干净、挺阔，茎节间短、茎健壮的。仔细观察叶子背面，检查是否有虫子。必须检查是否因过量浇水而烂根。幼苗买回来后应立即换盆。如果继续留在育苗盆里，会因为土壤和营养成分不足而无法健康成长。

移栽（换盆）

1. 在花盆底部垫上垫网，防止水土流失。花盆大小以比育苗盆大3~5厘米为佳。如果突然换到大许多的盆里，根无法扎到中央，会在四周生出很多须根，植物无法旺盛生长。

2. 为了打造排水层，可在花盆底部垫一些大的石头、沙石、泡沫塑料等，以覆盖住花盆盆底为宜。按拟种植物特性配比用土，装土至花盆一半高度。

3. 将手指放入育苗盆底部排水孔向上推，将苗取出。如果幼苗已结实地扎到土里，可将土团轻轻打碎，将根部解放出来。根须如果缠绕得很厉害，在新盆的土里也很难伸展开，所以恰到好处地把根须解放出来很重要。如果根部过粗过长，可以剪掉1/3左右。

4. 将幼苗放置在花盆中央。

5. 用土填充花盆里的剩余空间，不要全部填满，要留出4～5厘米的边。只有这样，浇水时才不会溢出花盆。

6. 用手按压边角的土。浇水要在观察幼苗状态后进行。如果从花店里买回幼苗时，土是黑色的，花盆很重，表示土里的水是满的。这种状态下至少一周不用浇水，否则就过湿了。

7. 移栽（换盆）结束，将花盆放至阴凉处缓2～3天，之后再将花盆摆在光照好、通风好的地方养。

移栽需注意的事项

一定要栽种到新土里。最重要的是，不要使用栽种过其他植物的土壤。因为肥力不足、根须过多等原因会导致排水能力下降。

PREPARING

6

施肥

植物只要土壤、水分、风、阳光四要素充足就可以成活。但是，就像人不能只靠吃饭活着一样，植物也需要基本要素以外的营养成分，以保证不生病并旺盛生长。这就是肥料的作用。种植时适当施堆肥（底肥），植物生长期适当追加肥料（追肥），根系才会发达、结实，叶子也能长得繁茂，植物才能开花、结果，硕果累累。

在阳台农场里用花盆种植植物，若一直浇水，土壤中的营养成分会经常流失，这一点要特别注意。肥料过多时植物可能被“烧死”，而过少时又会出现营养不足的问题，所以要在合适的时间施适量的肥；同时还要根据植物的种类选择适合的肥料种类及施肥的次数。市面上售卖的肥料都在包装上标有使用方法。仔细阅读施肥的周期、施肥量后再使用。一定要按照使用方法中所标的稀释比例稀释。过多施肥可能会使植物死掉。

产品用途 白菜、生菜、黄瓜、辣椒、萝卜、豆子等多种植物。

产品成分 21-6-7+3+0.3

产品特征

-含有所有植物所需成分。

-含有硫酸铜，可提高植物的耐受力，免受病虫害的侵害。

-颗粒大小不一，使用方便。

使用方法

-播种、移苗时：提前与土均匀混合，作为底肥使用。

-追肥时：在植物周围均匀播撒。

使用量

1千克/16.5平方米

产品包装上印有的10-10-10这样的数字，表示的是产品所包含的成分氮（N）、磷（P）、钾（K）的含量。氮能促进植物生长，主要是使叶片增大，氮缺乏时叶子会变黄。磷有助于植物开花、结果。钾能促使根系健壮。

• 左图中的产品成分

氮21%、磷6%、钾7%、镁3%、硼0.3%

1. 肥料的种类

按照形态和成分，肥料大体可分为无机肥料（化学肥料）和有机肥料。

有机肥料是天然肥料，虽然起效慢，但是效力持久（缓效性），且能改善土壤。有机肥料的种类包括芝麻饼、米糠、鸡粪、鱼粪、粪便土（蚯蚓粪）等。

无机肥料为化学肥料，起效快（速效性），但是效力短暂，同时还会使土壤酸化。有颗粒状复合肥、液态肥、安瓿形态的植物营养剂等多个种类。

- 缓效性：起效慢的性质。
- 速效性：短时间内见效的性质。

2. 阳台农场经常使用的肥料

颗粒肥料（有机肥料）

以芝麻饼为原料，呈颗粒形态。因为是长久持续缓效性肥料，所以不用经常施肥，不宜过量使用。

环保植物营养剂

在植物性氨基酸发酵液中加入动物性氨基酸、海藻萃取物等制造而成的液体肥料。在生长期作为追肥，每1～2周用1次，用500倍的水稀释后施用。

天然肥料：粪便土

为蚯蚓排泄物，天然肥料，包含很多有利于植物生长的有机物质，没有异味，所以广泛应用于阳台农场。配土时，混入30%～50%的粪便土作为底肥。

天然肥料：鸡蛋壳（螃蟹壳、贝类外壳等）

鸡蛋壳富含石灰质肥料的主要成分碳酸钙。碳酸钙具有将酸性土壤转换成碱性土壤的卓越效果。大部分花草、蔬菜等植物都喜中性土壤，所以它是打理菜园时不可或缺的肥料。可用食醋将其制作成液体肥料使用（详见第31页）。

3. 在家制作天然肥料食醋钙液肥的方法

碳酸钙与食醋的有机酸反应可生成水溶性钙离子，通过这种化学反应原理，使蛋壳中的碳酸钙析出。经水稀释后，制成液肥使用。

1. 将蛋壳的白色膜小心撕下，用水洗干净后置于阴凉处晾干。
2. 利用工具将蛋壳打碎。
3. 将碎蛋壳装入有一定高度的密闭容器中，再往容器里倒入食醋（蛋壳与食醋的比例为1：10）。

   注意！倒入食醋后不要马上盖上盖子。如果盖上盖子，在产生化学反应期间，可能会发生爆炸。
4. 在阴凉处放半个月左右，让其发酵。
5. 捞出蛋壳，将液肥倒入小的密闭容器里。
6. 需使用液体肥料时，用500~1000倍的水稀释后，喷洒在叶子上。

   稀释示例：1升水、食醋钙液肥1~2毫升

那么，什么时候施肥呢

主叶长出5片以上时，追肥对生长很有帮助。当植物下方叶片变黄、整体颜色变浅时，虽然开花，但是花会直接掉落而很难授粉，且花小、数量少。施肥时，叶子背面较正面、新叶较老叶、白天较夜间更容易吸收。

PREPARING
7

植物管理方法

养宠物的人会经常抱着宠物，给宠物以关爱。养植物亦是如此，我们也应带着爱去管理它。如果只是将它摆放在一边，不管它，还期待它自己长大，那绝对是天方夜谭。植物饿了的时候要给它吃饭，渴了的时候要给它喝水，还要常常注意它是否哪里有不适。

1. 光照量和风

一定要把花盆放在通风好、光照好的地方。虽然有的植物在背阴处也能很好地生长，但是大部分植物每天需要接受6小时以上的充足日照，才能生长旺盛。在天气晴朗的日子，把阳台窗户打开，把纱窗也打开，这样阳光才能更好地照入室内。而且，只有通风好的情况下，植物才能增产，所以要把花盆放置在窗户打开的一侧，而且这样还有利于预防病虫害。

2. 精心管理，适时浇水、追肥、剪枝

浇水要适量，既不能过少让土壤干裂，也不能过多让土壤过湿。要适时追肥，以免营养成分缺乏。对于喜湿的植物，要经常给叶子喷水。如果叶子生长得过分茂盛，通风不好，光合作用也无法正常进行，所以必须剪枝。为了防止虫害，可购买木醋液，用500～1000倍的水稀释后周期性喷洒。

3. 每天注意观察植物的状态

植物健康则叶片健壮，常呈现为干净的草绿色。如果稍微出现一点问题，就像人身体出问题时皮肤会变粗糙、长疖子或者出现过敏症状一样，植物生病或长虫时，叶子就会从草绿色变成与平时不同的状态。所以，检查叶子的状态从而掌握植物的健康状态很重要。

4. 按照季节进行管理

万物复苏的春季：宜换盆，将沉睡一冬的土壤掏出，加入新土，给植物一个新家。考虑到春夏之交正是植物生长旺季，所以要换一个更大的盆。这样根须才可以自由伸展，植物才可以茁壮生长。换盆后也不要忘记追肥。冷了一个冬天，现在春天了，突然变暖，对于蔬菜而言，会很快抽出花箭。如果不打算留种子，就要在开花前收获。

高温高湿的梅雨季和闷热的酷暑：对于植物来说，这是最困难的时期。梅雨季更要管理好水分，尽量不要浇水。温度太高可能会造成植物徒长。阳光太强则可能让植物变蔫。花盆要避开直射光线，摆放在半阴的地方，打开窗户以打造良好的通风环境。如果有条件，每天打开电风扇吹1～2小时也是有益的。为了预防长虫，在梅雨季到来之前要果断地进行剪枝，周期性喷洒木醋液等环保防虫药。如果要外出休假3～4天以上，最好找别人帮忙管理。

天高马肥的秋季：酷热的夏季过去，天气开始变得凉爽，植物的生长变得更加活跃，对营养需求量增加，所以又要追肥。秋季是一年四季中最为干燥的季节，所以要多浇水。

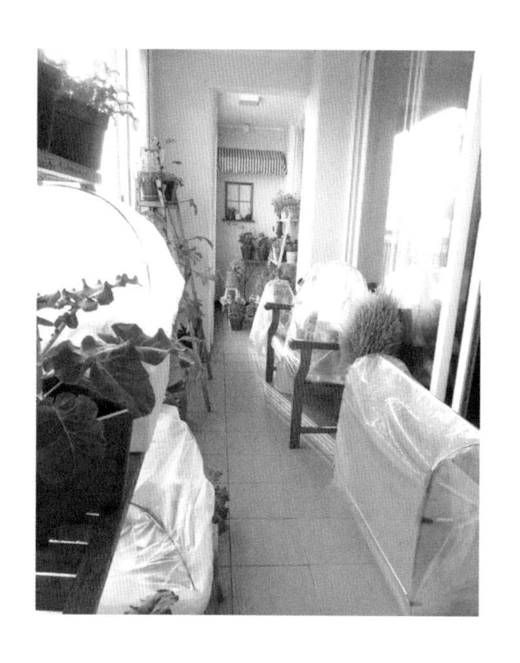

寒风瑟瑟的冬天：到了寒冷的冬天，必须做好十足的准备。因为大部分植物都需要在10℃以上的条件下才能生长，宜在阳台装一个温度计管理温度，检查最低温度。无法抵挡寒冬的植物要移至温暖的房间里。移至室内的植物，白天气温升高时可开窗通风1～2小时，以防止发生病虫害。

即使是能坚持在阳台生存的植物，也最好能将环境温度提高一点，所以要做一些防寒准备。如在窗户上加防寒塑料布或者贴隔热贴，将花盆摆放在远离窗户的地方。若能用泡沫箱做个迷你温室大棚，将花盆放里面则更好。

超级简单的迷你温室大棚制作方法

1. 用刀将泡沫箱的盖子挖成左图中的样子（大泡沫箱可利用快递保鲜箱）。

2. 将植物支架弯成弧形。如果没有支架，也可用结实的铁丝代替。

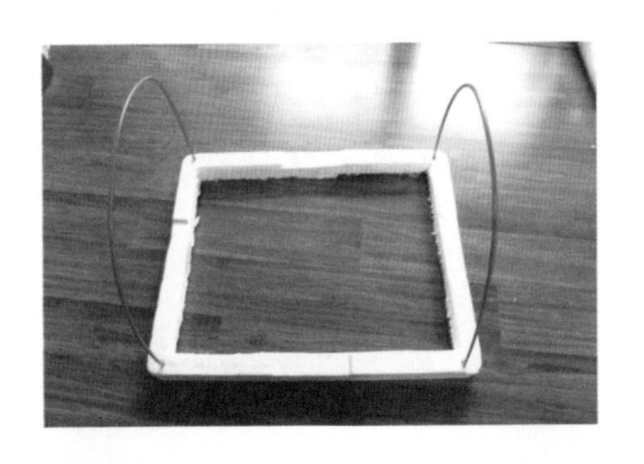

3. 将弯成弧形的支架插在用泡沫箱盖子制成的边框上。为了防止插孔变大，可在孔的周围缠上胶带。

4. 将木筷子之类的小棍支撑在弧形支架中间，以免支架晃动，上面部分用塑料布罩上。最好能用温室大棚专用塑料布，有一定的厚度，保温效果更好。

5. 注意别将塑料布或胶带夹入盖子内侧！否则无法盖严盖子，影响保温效果。

将制作完成的迷你温室大棚放置于光照好的地方。阳光照入时，温室大棚里会变得很温暖。但是，一整天都处于封闭状态，可能会长虫，所以，宜在温度上升的11点～14点打开盖子，同时打开阳台窗户，进行通风，也可在这个时间浇水。作为预防病虫害的措施，可以定期喷洒以500～1000倍的水稀释后的木醋液。

植物状态诊断和处理方法

植物状态诊断和处理方法

就像人类在免疫力下降时会生病一样，植物因某种原因抵抗力下降时也会生病。植物发生病害的原因有极度干旱、过湿、通风不良、日照不足、营养不足或者过多等。特别是在狭小空间里，植物过密就无法自由生长。所以，病虫害管理上，预防最为重要，出现问题时要及时找出原因，及时找出治疗方法。

症状1. 叶片变黄

- 原因：水分不足、营养不足、环境突然变化、酷热、日照不足、镁缺乏。
- 处方：暂时将花盆移至阴凉处。营养不足时，将液肥用500 ~ 1000倍的水稀释后进行追肥。

症状2. 叶片萎蔫、下垂

- 原因：阳光过强、高温，或者水分不足。
- 处方：将花盆移至阴凉处，浇足水。

症状3. 叶子边缘变成深棕色

- 原因：因浇水太勤太多而过湿，致使叶片变焦。
- 处方：短期内不浇水。掂一掂花盆，若感觉很重，宜换新土。

症状4. 叶片和茎上沾了白色灰尘状物质（白粉病）

- 原因：通风不足、背阴、高温干燥。
- 处方：与其他花盆隔离，喷洒杀菌剂。
- 预防：平时注意通风，禁止过多施氮肥。

症状5. 叶子表面长出大片的斑点（露菌病）

- 原因：环境高温多湿。
- 处方：小心摘掉叶子并烧掉，喷洒杀菌剂，防止扩散。

症状6. 茎部腐烂或者果实腐败，长出灰色的霉菌（灰霉病）

- 原因：环境湿、冷。
- 处方：小心摘掉叶子并烧掉，喷洒杀菌剂，防止扩散。减少浇水量，充分通风，避免过湿。

症状7. 下部的茎变成褐色

- 原因：水浇得太多太勤而造成茎部腐烂。
- 处方：检查根部，如果根没有问题，就换成新土。

症状8. 叶子呈暗绿色，从下面的叶子开始，边缘开始变焦变黄

- 原因：缺乏钾元素。
- 处方：每3 ~ 4天施1次微量元素肥或者花宝1号（hyponex）。用水稀释液体肥料，然后用喷雾器喷洒在叶片上。

稍不留神，害虫就会不请自来

对于害虫，最重要的是一旦发现就马上消灭。害虫大多沾在叶片背面或者发新芽的部位，如果不注意很难发现，所以在初期要细心管理。另外，遭受过虫害的花盆要与其他花盆隔离，被害虫咬过的叶片要及时摘掉，以免蔓延到其他健康叶片上。

亲手种植的蔬菜是要食用的，所以要喷洒对身体无害的环保驱虫药。给根部施蛋黄油（制作方法详见第41页）、驱虫液、木醋液、复合多功能微生物菌剂等，收获时洗净再食用。使用天然除虫剂不会马上有效果，所以应从发现害虫开始，每3天喷1次，直至害虫消失。提前预防病虫害是最应优先做的，所以要注意通风。为了防止虫子聚集，可用水稀释木醋液，每1～2周喷洒1次，并在花盆周围设黄色粘虫板。

蚜虫

- 症状：叶片变窄变小，不爱出新叶。
- 原因：极度干燥、高温、过湿、通风不良。
- 处方：每3～4天喷1次环保除虫药等。
- 预防：平时每周给植物喷洒1次木醋液。

叶螨

- 症状：叶子正面像撒了白色粉末一样，长出白色斑点，叶子背面有细小的蜘蛛网，上面有非常小的虫子在爬。
- 原因：高温干燥或者通风不良。
- 处方：摘掉长斑点的叶子，喷洒环保除虫剂（杀虫剂、蛋黄油等）。
- 预防：一旦扩散就无法抑制，所以平时要注意通风换气。

蓟马

- 症状：叶子上出现黄白色斑点和黑色斑。
- 原因：气温高、干燥。
- 处方：每3～4天喷洒1次环保除虫药等。
- 预防：在植物周围挂粘虫板。
- 作物：黄瓜、辣椒、红灯笼椒等比较容易发生。

蜡蚧

- 症状：植物的节之间出现绒毛球。
- 原因：光照不足，背阴、潮湿。
- 处方：摘下绒毛球，喷蛋黄油等。

温室粉虱

- 症状：叶子褐变 、枯萎，果实发黑。
- 原因：由育苗场栽培的苗木带来（家庭中不容易发生）。
- 处方：对感染的植物进行隔离处理，将有虫卵的叶子摘除、烧毁，成虫用胶带等粘掉。
- 预防：挂黄色粘虫板。

不要误认为是病虫害的症状

一直在室内的植物，突然受到强烈的阳光照射时，有可能因被太阳炙烤而产生白斑，不会对植物产生任何不良影响。

受叶螨侵袭的矢车菊（初期未能发现并及时处理的结果）

在家DIY环保除虫药蛋黄油的方法

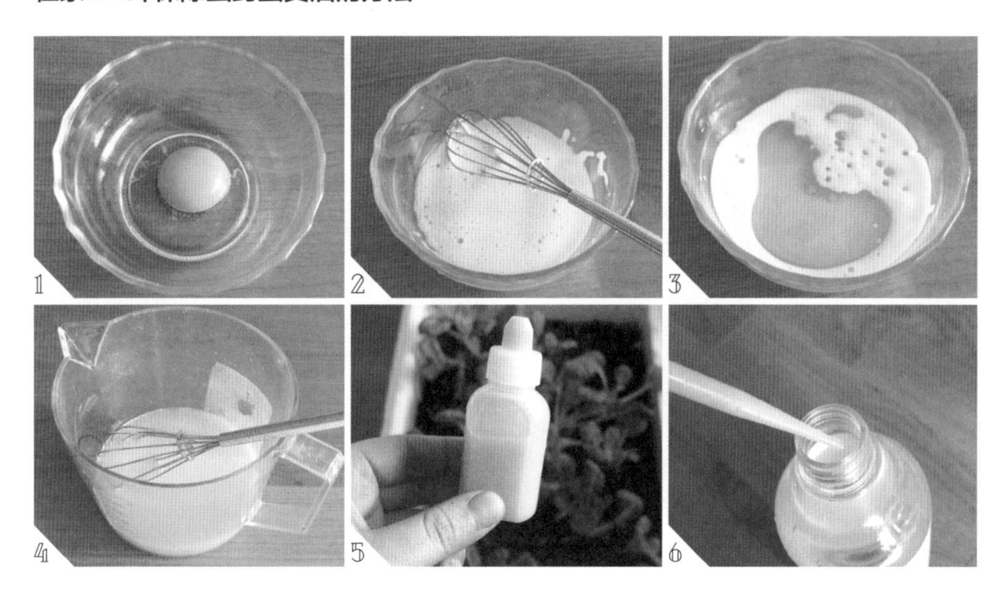

蛋黄1个+菜籽油 60～100毫升+水100毫升

1. 取鸡蛋1个，将蛋黄分离出。
2. 加入100毫升清水，用手动或者电动打蛋器打散。
3. 再加60～100毫升菜籽油（60毫升是预防用，100毫升是治疗用）。
4. 用打发器搅打，使蛋黄液和菜籽油充分混合。
5. 将蛋黄油装入密闭容器中冷藏，可保存1周左右。
6. 使用时，用滴瓶抽取2.5毫升，加入500毫升水中稀释后，喷洒在叶子上。

贴士：在可使用期限内全部用完是不太可能的，所以和邻居分着用或者少做一些为佳。

虽然蛋黄油也直接作用于病原菌或害虫，但主要是在植物表面形成防御膜，防止害虫侵入。药效持续时间为10～15日，所以梅雨季前，最好每10～15日喷1次，充分喷洒至叶片湿透，进行预防。对白粉病、露菌病、炭疽病及叶螨、粉虱、蚜虫、蜡蚧有特效。如果已经发生病虫害，初期时可每5～7天仔细向叶及茎喷洒，约喷洒3次。需要注意的是，如果食用油过量或者喷洒过于频繁，会导致植物呼吸孔堵塞，造成不良后果。另外，气温在5℃以下时油滴会冻结，35℃以上高温时植物大多难以正常生长，所以在这两种情况下不要喷洒蛋黄油。

Yummy
Garden

Part 02

姹紫嫣红

打造阳台农场

四季草莓、红根达菜、橘黄色胡萝卜、
迷你黄金圣女果、黄灯笼椒、生菜、
黄瓜、西蓝花、麦草、绿色墨西哥辣椒、
蓝莓、紫色小茄子、无花果、
粉红色水萝卜、杏鲍菇

- 换盆时间：春季、秋季
- 开花时间：全年
- 栽培温度：10～28℃
- 土壤：肥沃土壤
- 浇水：保持不干燥

四季开粉红色花朵的

四季草莓

一年四季开花且可收获果实、正适合阳台农场种植的草莓品种。
韩国开发的开粉红色花朵的观赏草莓——四季草莓。
因为在夏季也可以生长，所以将其命名为四季草莓。
几乎没有病虫害，生长旺盛，所以具有相对易于种植的优点。
漂亮的粉红色花朵观赏性强，草莓的味道也不错，所以是很受欢迎的草莓。

挑选好苗的方法

四季草莓苗可以在4～5月份在实体花店或者网店购买。

- 叶片无斑点、干净、有光泽
- 叶片数量多、叶子坚挺
- 叶柄短（不徒长）
- 茎肥壮

换盆

如果排水不好，会影响到叶子和果实，所以一定要使用专用土壤。换盆时要混入大量堆肥。家里打造的阳台农场，以使用不产生异味的粪便土为佳。

选择栽培场所

在温度20℃以上，阳光好的地方种植。阳光好的窗边位置也很不错。如果光照不足，草莓就不爱开花。

浇水

因为草莓喜水，所以要多浇水，避免干燥。如果土干了，要尽快浇足水，不要忘记浇水周期。浇水过多会伤根，所以也要注意。浇水前提前接好水放置于室温下，去除凉气后再使用。最好是在上午浇水。

施肥

如果养分不足，草莓叶子不会长得茂密。首先，换盆时混入大量堆肥作为底肥。开花后每2周追肥一次。如果氮含量多，则草莓不爱开花，所以最好施含有磷酸的草莓专用肥。阳台农场里用小花盆种植的草莓，1/3茶勺的草莓专用肥就足够了。

开花

一年四季都开花。一般情况下开粉红色的花，温度低的时候开的花更红，高温情况下花色变浅，果实变小。

人工授粉

如果草莓不能顺利授粉，果实外形就不漂亮。最好是用小刷子沾花粉，给每朵花仔细授粉。这个过程反复进行2～3天。

完美授粉的果实　　授粉效果不好的果实

结果

草莓开花后不要贪多，仅保留2～3个，坐果（结果实）较少才是一整年都可以开花结果的秘诀。果实比市场上卖的要小。为了提高甜度，在结果时要减少施肥和浇水的次数。

收获

开花后再等30～50天，就可以收获，草莓果实红了以后连梗一起摘（剪）下来。

病虫害管理

为防治病虫害，每月喷洒1次木醋液稀释液。随时拔掉那些根部变成褐色、枯萎的叶子。如果通风不好，会发生灰霉病，所以平时要注意通风换气。

分株

在草莓生长过程中，在部分茎上会长出细长的茎，这称为纤匐枝。纤匐枝上会生根，开花、结果，所以，可以分出新的苗株。长出纤匐枝时，可以将其引向装满土的空盆，使其接触土壤。如果在新“家”生出根和叶，大概2周后即可将两盆中间连着的枝剪断。

各季节的草莓管理方法

在超过28℃的炎热夏季，要避开直射光线，将花盆移至阴凉处。注意通风，因为高温，茎的强度会减弱，所以要提前去除变软的花箭。随时拔掉那些根部变成褐色、枯萎的叶子。四季草莓有很强的休眠性，所以，冬季要将环境温度控制在5℃左右。

新手也可以挑战的

红根达菜

红根达菜的茎部呈现魅力十足的红色，叶与甜菜根叶相似，没有什么特殊的栽培技术，
是比较容易上手的叶类蔬菜，新手也可以挑战。
栽种一次会不断长出新叶子，所以可以在很长一段时间内一直收获。
虽然它是喜欢寒凉气候的蔬菜，但其抗严寒和酷暑的能力都较强，在夏季和冬季均可栽培。
几乎没有病虫害，不需要农药，管理也方便。
在营养方面，它富含胡萝卜素、钙、铁，是有益于健康的蔬菜。

水中泡发

红根达菜种子外表凹凸不平，种一粒，可以发出2～3个芽。种子外皮厚，所以要提前1～2天用水浸泡一下，然后再种到土里，这样可以缩短发芽时间。

播种

提前用水浸泡的种子生出小白根后，就可以播种了。发出芽前，经常用喷壶喷水，要一直保持土壤湿润。播种一周左右大部分芽都会破土。

播种时间：一年四季均可
栽培温度：18～20℃
最低温度：10℃
发芽温度：15～25℃
发芽特性：与光无关
收获时间：播种后约2个月
土壤：排水性好的沙质土壤
浇水：稍干燥

覆土

如果因徒长而导致茎变弯，可加入粪便土将部分茎覆盖。

覆土的好处是，枝蔓不会变弯，且每次浇水时粪便土中的有机成分溶解，其营养成分可被根部所吸收。

间苗

真叶长出3～5片后，在原花盆中留1～2棵，剩余的宜移栽到其他花盆里。一个花盆中有多株植物时，根没有伸展的空间，就无法长得茁壮，植株也会较小，收成相应就减少了。

管理

花盆要放在光照适宜、通风良好的地方。表面土壤干燥时就一次性浇足水。定期喷洒木醋液有助于预防病虫害。

收获

叶子大小超过20厘米即可收获。收获的叶子可用来做沙拉等。

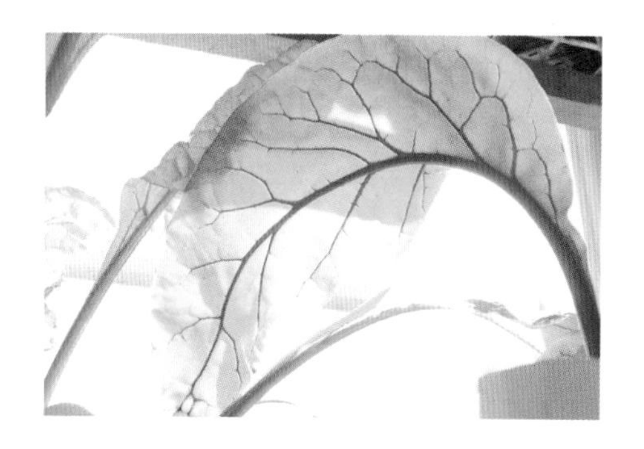

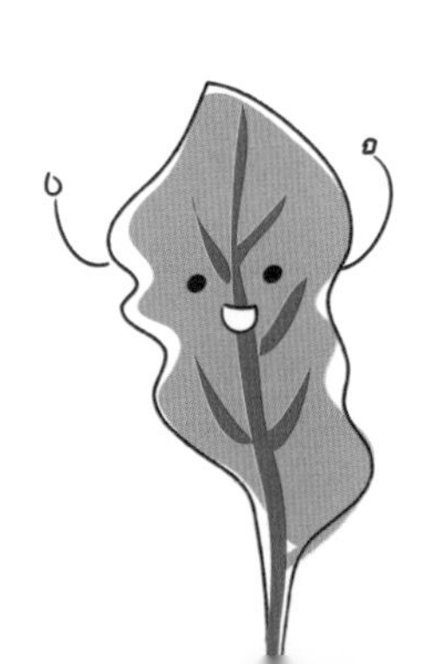

施肥

收获后，将液肥按比例用水稀释后，进行追肥。

食用方法

红根达菜可随吃随摘，主要用来做沙拉。

GARDENING

3

迷你可爱的

橘黄色胡萝卜

阳台农场最有人气的蔬菜是胡萝卜！
虽然个头达不到超市销售的那么大，但在阳台农场里可以轻松种植。
在家里，以“慢美学”的心态去种植的胡萝卜，真的会散发出新鲜、芬芳的气息，
而且还很甜。此外，从阳台农场里新摘的胡萝卜缨也可以用来做菜吃。

橘黄、黄色、紫色胡萝卜都种一点，
更能享受到园艺的快乐。

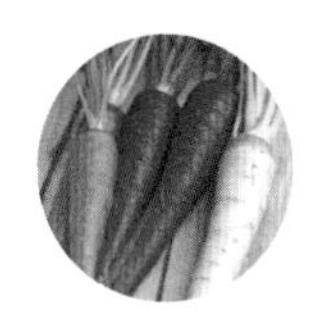

打排水孔

种植胡萝卜要选用深一点的花盆，最少要达到25厘米。右图中的花盆是普通花盆。可用锥子在底部扎6个排水孔，用于排水。

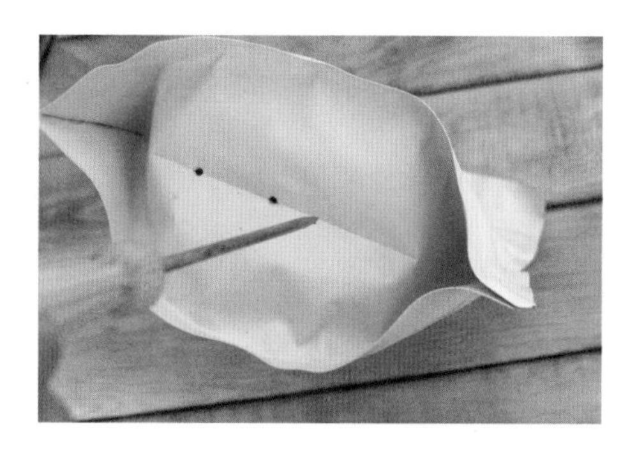

装土及浇水

土壤用培养土和粪便土（堆肥）以1：1的比例混合。装入时土不要装满，在花盆的最上部留出6厘米的空间，方便以后施肥、浇水，浇水后也不会溢出花盆。用浇水壶均匀地喷洒并浇透，使土壤全部变湿润。

播种时间：4～5月、7～8月

栽培温度：15～20℃

最低温度：10℃

发芽温度：15～25℃

发芽日数：7～14天

发芽特性：需光发芽

收获时间：播种后4～6个月

土壤：有深度且排水良好的肥土

浇水：不宜过湿

水中泡发

胡萝卜种子种到土壤里前，提前用水浸泡，可以缩短发芽时间。在盘子里倒一些水，将种子浸泡其中，大概2天左右就会生出白色小根，这时就可以种到土里了。

播种

考虑到根长满后体积会增大，所以播种时至少要间隔4厘米。将长出小白根的种子放到土上后，覆盖一层2~3厘米厚的粪便土。胡萝卜的种子是需光发芽种子，播种过深，不容易发芽或需要等很长时间。

播种后管理

播种后可经常用喷壶喷水，使土壤保持湿润。干燥季节或者天气冷时，用保鲜膜覆盖（用锥子扎几个孔用来透气），可以保温保湿。将播种完成的花盆摆放在有光照、通风良好且温度保持在20~25℃的地方。

覆土

播种5天后就会发芽。

开始出新芽时，可能会与野草混淆，可以与右图对照一下，确认是否相同。如果觉得胡萝卜苗的茎太细，可能会倒伏，就用土将茎的根部覆盖，这个操作称为覆土。

光照

胡萝卜是非常喜欢阳光的蔬菜。只有整日受到光照才不会出现徒长的现象，才能长得健壮。土壤过湿，胡萝卜表面会变得粗糙；土壤过干则无法长好，所以要适当浇水。

浇水

一般情况下，当用手摸土壤表面感觉干燥时，浇水至底部排水孔出水为止，一次浇透。只有这样，水才能供到根部。胡萝卜长到5片叶前，一定要保持土壤处于湿润的状态（土壤干燥可能会导致植物枯萎）。之后，维持在相对略干状态较好。在叶子还很小、个头也小的时候，浇水要用孔多的喷壶，否则容易将土冲出沟，导致胡萝卜根部露出。也可以使用瓶口较小的容器。

30天之后的模样

要想胡萝卜根长得够大，必须光照充足，同时也需要充足的养分。一个月后开始，记得要追肥。用水按比例稀释环保液肥，每2周施1次肥。

播种后3个月的模样

在阳台农场里种植胡萝卜，从播种到收获一般需要4～6个月时间。

收获

整齐收拢胡萝卜叶子，抓紧后拔出即可。收获的胡萝卜叶子也可以食用，如做成炸蔬菜，味道很好。

病虫害管理

胡萝卜常见病有软腐病、褐斑病、黑枯叶病等。软腐病可用石灰作底肥，减少发生概率。将木炭粉均匀撒在根部周围对褐斑病有效果。

在阳台农场种植蔬菜时，如果高温、多湿或者通风不佳，容易长蚜虫、叶螨。最好提前预防病虫害。用500倍或者1000倍的水稀释木醋液，用喷雾器每周喷洒1次，均匀喷洒至叶片、茎部、出嫩苗的部位。

新手易犯的失误！！胡萝卜形状异常的原因

胡萝卜移栽后，以后可能会收获到形状弯弯曲曲的或像人参一样分杈的胡萝卜。浇水不当时，会生出很多须根，就像长满胡须的大叔。如果种植用盆较小，胡萝卜也不可能长得又长又大，只会长得像铅笔头。

播种时间：2～3月
栽培温度：白天26～28℃、夜晚16～18℃
最低温度：15℃
发芽温度：25～28℃
发芽天数：5～7天
发芽特性：需暗发芽
收获时间：播种后4～5个月
土壤：深且排水良好的肥沃土壤
浇水：不宜过湿

GARDENING

4

矮生番茄

迷你黄金圣女果

阳光下闪闪发光的如宝石般的圣女果。
播种后，等待开花、结果是一件趣事。
圣女果中的矮生（或矮个子）品种，长不大，
所以在阳台种植也没有什么难度。
从夏季到秋季一直可以收获，是非常让人愉快的植物！

播种

发芽前，绝对不能缺水。番茄属需暗发芽种子，所以在发芽前以不见光为好。发芽后，立即将花盆移至光照好、通风佳的地方。

移栽（换盆）

真叶长出3～4片后，要移至大花盆。苗太小的时候移栽，可能会因为扎根不实而枯萎。移栽时，使用由50%粪便土、50%培养土混合而成的土。

选择栽培场所和花盆

如果光照不足，只会使茎徒长，所以应将花盆移至光照最好的地方。

果实类蔬菜，如果种在过小的花盆里，扎根不深，会枯萎而死，所以要使用深度在28厘米以上的花盆。盆越宽越深，植物长得就越好，结的果实也就越多。

搭架子

一般的圣女果秧能长到1米以上，所以必须搭架子。矮生圣女果长得矮，一般不用搭架子。当然，如果果实结得多，茎会因承重加大而被压弯，还是需要搭架子。

打侧枝

用手摘掉真叶和茎之间长出的侧枝。如果不随时摘掉新长出的侧枝，供给花朵和果实的养分就会不足。应当让果实都结在主枝上。夏天几乎每天都会有侧枝长出，所以几乎每天都要处理。

摘掉的侧枝，可进行水培，用不了多久就会长出根，把这个长根的侧枝栽到土里就能长成一株新的圣女果了。

贴士：所谓主干？植物从发芽开始就有的、位于中心的茎。

所谓侧枝？由叶腋间新冒出的枝芽长成的枝子。

浇水

浇水不要过多，留些余地为佳。如果用手摸表层土时觉得土干燥，就需浇足水。如果叶子枯萎、变色，可能是土壤过湿造成的。土壤过湿会导致根部损伤，需注意！如果每天浇水过多，土壤总是湿的，还可能导致不开花。特别是在结果后，如果浇太多水，果实外皮会破，味道也会变淡。

人工授粉

圣女果开深黄色花。用手指轻弹茎，花粉就会沾到雌蕊柱头，完成授粉。也可以用软毛水彩画笔之类的扫一扫雄蕊和雌蕊，帮助授粉。

追肥

自第一朵花开放开始，每周施1次肥，以500倍的水将液体肥料稀释后像浇水一样施肥（考虑到光合作用，以在早晨太阳升起前施肥为佳）。如果圣女果下面的叶子由绿色变黄色，或者花朵未结果而直接枯萎，很可能是因为营养不足。

摘掉第一朵开在侧枝上的花

第一朵开在侧枝上的花如果不摘掉，不利于继续开新花、长新叶所需营养的输送，不利于圣女果的生长。

结果

完成人工授粉后，从顶部到底部都会结果并慢慢长大。花会紧贴果实底部自然枯萎、脱落。在花盆周围，放上镜子或者铝锡箔板，可让所有果实均匀受到光照，果实的底部也会成熟得很好。

管理

果实类蔬菜，每天接受光照至少要达到5小时，这样才会很好地开花、结果。为了实现良好的通风和光合作用，最好将果实上方的一两片叶子摘掉。

收获

当圣女果果实从豆绿色完全变成黄色后即可收获。可直接用手折断蒂的部分，摘下果实。

病虫害管理

健康的圣女果植株，茎和叶都是坚挺的，叶子是草绿色的，表面干净。若叶子暗淡、枯萎，有光照不足、通风不足、过湿、营养不足、水分不足、高温多湿、干燥等多种原因，所以平时要多注意，要经常查看植物的状态。患病的叶子要及时摘掉，预防传染到其他叶子上。虽然阳台农场里的圣女果不易发生病虫害，但如果产生病虫害，叶子表面会产生斑点等。

我们所知道的圣女果一般是红色的。

其实，圣女果还有黄色、橘黄、粉色、紫色、黑色等多种颜色的以及带花纹的品种。

体验一下在阳台种植多种漂亮颜色圣女果的乐趣吧。

播种时间：2～3月，7～8月
栽培温度：白天25～27℃，夜间23～24℃
最低温度：18℃以上
发芽温度：28℃
发芽天数：5～7天
收获时间：播种后5～6个月
土壤：肥沃、透水性好
浇水：不宜过湿

GARDENING

5

长得出奇好的

黄灯笼椒

维生素宝库！灯笼椒比橘子的维生素含量要高3倍。
红色、黄色、橘黄，颜色不同，营养素也不同，黄灯笼椒对生长期儿童特别有益，
还有助于预防心血管疾病。灯笼椒口感脆而多汁，有清爽的香气，适合做沙拉。
炒或者烤时，会产生甜味，味道更是美不胜收。
可于早春或者暮夏在阳台农场播种，
如果肥料充足，种植在大花盆里，收成也是可观的。

播种

播种入土前，提前用水将种子浸泡1～2天，可提高发芽率。天冷时要盖上盖子，以保湿保暖。1～2天后，长出一点点白色的根，就可以种到土里了。

发芽

如果发芽时环境温度低，发芽期就会变长。

发芽之前，要经常用喷壶喷水，以免因缺水而干死。

育苗

育苗用的花盆或托盘不要放在地面上，应将花盆的底部暴露在空气中，有利于根部生长。

请注意管理，避免因阳光不足导致幼苗徒长而不壮。育苗时，环境温度以白天25℃、夜间22℃为宜，空气湿度以65%左右为宜。

换盆

真叶长出6～7片，长出第一朵花时，将其移植至大花盆中。若不及时换盆，则很难顺利扎根，长不好。果实类蔬菜需要大量的营养成分，因此盆土需要混合大量的堆肥（粪便土）。培养土与粪便土的比例以1∶1为宜。将花盆摆放在阳光充足、通风良好的地方进行栽培。如果通风不好，苗就不会茁壮成长，且容易滋生病虫害。

打侧枝

第一朵花开放后，果实类蔬菜栽培中必须进行的最重要的工作就是打侧枝。除了主枝和第一朵花下面最结实的两个枝条外，其余的都要打掉。只留下三茎进行培育，才能长出结实的灯笼椒果实（使枝条呈Y形）。

浇水

在生长期，浇水的时候，要先摸一下土，确认土干后再浇水。浇水时间尽量控制在日出前的清晨或日落后的夜晚。在阳光炙烤的时候浇水会影响植物生长。

开花

随着蜷缩的花骨朵徐徐展开，便成了白色的花朵。

人工授粉

阳台农场必须进行人工授粉作业，才能收获到果实。用刷子或棉签触碰花瓣内侧的雄蕊部分，使花粉掉落，然后将花粉沾到另一朵花上。 连续3天重复此操作，结出果实的概率就会增加。

坐果：结出果实

如果人工授粉做得好，花会自然枯萎。掀开枯萎的花瓣，你会看到里面长满了果实，小果实会一天一天地渐渐长大。第一朵花结出来的果实，应在完全长大之前采摘下来。

坐果后管理

减少昼夜温差。白天温度最好控制在21～24℃，晚上最好控制在21～22℃，空气湿度控制在70%～80%较为适宜。如果湿度低，就不容易结果。

施肥

从开始开花起，每周施1次肥。将液体肥料和水按1∶500的比例混合，浇水与施肥同时进行。为了使果实能最大程度地进行光合作用，遮挡果实的叶子要随时摘除。

收获

通常，结出果实7～10周后即可收获，颜色变化90%以上就可以采摘。如果收获时间太晚，果实会变软，味道会变差，并且在冰箱中储存时间也会缩短。

病虫害管理

阳台农场中可能会看到蚜虫、蜱螨、蓟马等害虫。为了减少病虫害，要注意通风换气，不宜过湿。要随时清除侧枝，并在花盆周围放粘虫板。

将木醋液、蛋黄油等环保除虫药剂稀释后装入喷雾器，每周喷洒1次。发生蚜虫虫害时，用胶带粘掉蚜虫后，将除虫剂仔细地喷洒在长出新芽的部分及叶的正面和背面。3天左右，再喷洒1次药物。

有多个品种可选的

生菜

生菜在超市里非常常见。在烤肉店里作为基本蔬菜的生菜是紫色的品种，
事实上，生菜的种类比想象的要多得多。

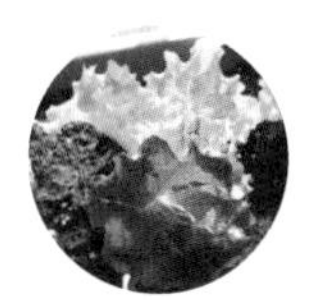
花生菜

速生生菜

红橡叶生菜

罗马生菜

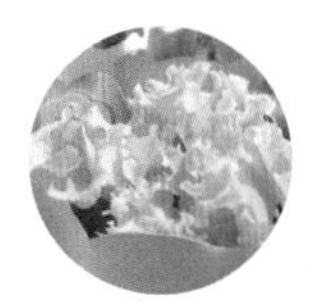
罗莎生菜

杯子罗马生菜

奶油生菜

红罗马生菜

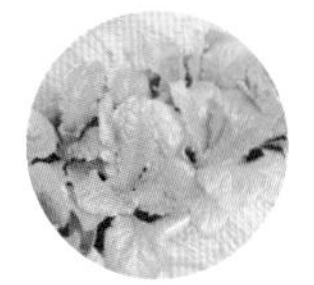
绿生菜

绿橡叶生菜

黑裙生菜

有着裙子模样叶子的绿生菜，
口感脆爽可口的奶油生菜，
因古罗马恺撒大帝主要用来做沙拉而得名的罗马生菜，
叶子密集似烫发的罗莎生菜，光照充足则会变黑的黑裙生菜，
叶子似橡树叶子的橡叶生菜，速生生菜等，外形和名字都非常不同。
每种生菜的味道和口感都有一定差别，挑选自己喜欢的品种种植吧。
虽然各种生菜的味道和外观不同，但种植方法却都一样。
说起生菜的特点，就是非常喜水以及可以长期收获。
虽然也可以从栽苗开始种植，但从播种开始更能体会到种植的乐趣。
每天看着生菜一点点长大的模样，若某一天突然长得很快，还能收获意外惊喜。
如果一直种着，还能享受到1茬、2茬间苗的乐趣。
生菜喜阴凉，秋天种的话，冬天在阳台农场也能一直有收获。

- 播种时间：除去仲夏，四季均可
- 栽培温度：15～25℃
  最低温度：5～8℃
  发芽温度：15～20℃
- 发芽天数：3～7天
- 收获时间：播种后50～60天
- 土壤：肥沃的土壤
- 浇水：不宜过干

确认种子

买1包生菜种子，一般有1000～2000粒。没种过生菜的园艺新手，可能对生菜种子的数量没有概念，常常有人把2000粒种子全部种到一个花盆里。2000粒种子，事实上能种30平方米以上的土地。考虑到花盆大小和间苗，一个花盆放30粒就足够了。

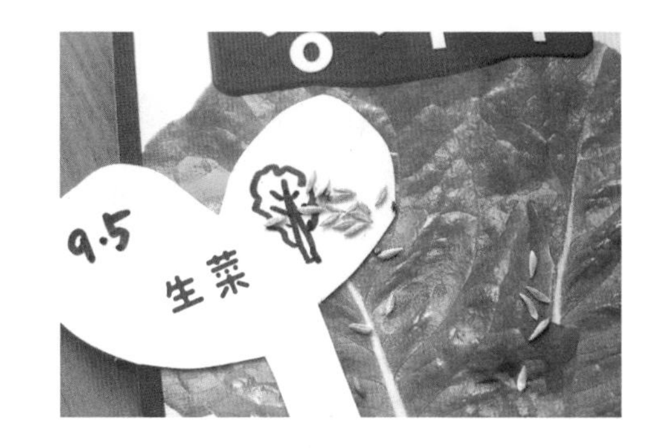

播种

生菜种子外壳较厚，宜提前1～2天用水将种子浸泡一下，然后再播种为好。

因为发芽需要阳光，所以播种不宜太深，且要把花盆摆放在光照好的地方。发芽前要经常用喷雾器喷水，让土壤保持湿润。

发芽

快的话3～4天就会发芽，像冬季这种寒冷季，可以覆盖透明塑料布等进行保温，有助于快速发芽。记得在塑料布上打几个孔，用来换气。

出芽的时候最需要注意的是徒长。光照不足、通风不良、温度过低等会导致茎部长得又细又长。此时，要将花盆移至光照最好的地方，用土把徒长的茎部全部覆盖，以免秧苗倒伏。

徒长

正常发芽，
未徒长的生菜苗

间苗后覆盖一次粪便土

1茬间苗

如果在花盆里撒了较多的生菜种子，生菜苗长到一定程度后，空间就会变挤。这种状态下，根会扎不实，叶子也会相互重叠，无法正常实现光合作用，通风不良则很容易长虫子。所以，在真叶长出4～6片后，应连根拔掉一些小生菜，使苗与苗之间保持一定间隔。拔出的生菜可以马上栽到其他花盆里，也可以做成菜吃掉。间苗带出来的土，要及时补充。

生菜管理

生菜这种蔬菜，只要是光照好、通风好的地方都可以种植。用手摸表层土，确认干燥后浇足水。想使生菜长得更茂盛、更大，可以适量施用蛋壳自制的食醋钙液肥。

潮湿的梅雨季节，要注意通风换气，喷洒木醋液，有助于预防病虫害。温度太高，或者移栽后马上置于阳光下，叶子可能会打蔫、下垂。此时，应将生菜移至阴凉处，1～2天后就会恢复生机。

收获

从播种开始算，约60天后就可以开始收获生菜了。因新芽从内侧长出，所以应先从外侧的叶子开始采摘。收获时，用手抓住叶子最底部向后方折下。如果将叶子全部摘掉，则很难再长出新叶，所以要至少保留4～6片叶子。收获的生菜，洗净后可用来做各种菜肴。

追肥

经过第1次收获后，花盆会显得有点空。每1～2周施肥1次，可帮助生菜长出新叶。将适量蔬菜专用环保营养液肥（液体肥料）加约500倍的水进行稀释，喷洒在土上。只要生菜不染病、不抽出花箭，就可以一直收获。

生菜花箭

若气温突然升高，或者持续高温，随着茎的增长，就会抽出花箭。一旦抽出花箭，生菜叶就会变韧，口感下降，所以要在此之前收获并连根从花盆中拔出。如果想留种子，则可以一直种到种子成熟。

播种时间：3月
栽培温度：白天27～28℃，夜间15～18℃
最低温度：10℃
发芽温度：25-30℃
发芽天数：7～15天
发芽特性：需暗发芽
收获时间：播种后约4个月
土壤：厚且排水性好的肥沃土壤
浇水：不宜过干

夏季疯狂生长的

黄瓜

最受菜农欢迎的蔬菜还数果实类蔬菜。
这是因为只要把幼苗养得健壮，移到大花盆后好好管理，就能体验到收获累累硕果的喜悦。
一到夏天就疯狂生长的黄瓜，很快就能收获，口感清脆，味道好极了。

播种

在育苗盆里装满土，将黄瓜种子种至8毫米深处。覆塑料薄膜保温，采用盆浸法使其从花盆底部吸水。黄瓜怕干燥和低温，所以初期管理要极其注意。黄瓜种子属于需暗发芽种子，所以播种后应摆放在背阴处直至发芽，然后马上移至光照好的地方。

换盆

在黄瓜苗长出3～4片真叶时，将其移至大花盆中。移栽时不要栽太深，使种苗自带的土与大花盆中的土高度相当即可。

病虫害管理

黄瓜是比较容易长虫子的作物。受桑蓟马侵害时，真叶上会出现白色斑点。仔细观察叶子背面，若发现叶脉之间有虫子，可用透明胶带粘掉。从幼苗时起，定期用喷雾器喷洒用水稀释1000倍的木醋液。周围放黄色粘虫板，是很好的预防方法。

生长期管理

与其他果实类蔬菜一样，黄瓜所需的光照量也在6小时以上。将花盆摆放在阳台上光照最好的地方，白天最好将纱窗也打开。黄瓜喜水，要保证土壤不干。

搭架子

黄瓜是藤蔓植物，所以要搭架子，让爬藤能自由伸展。在花盆四角分别插上1根支架。若再蒙上网，将支架围住，能更好地牵引藤蔓走向。如果没有网，也可以用绳子做成网后捆绑固定到支架上。

打侧枝

最初长出的茎叫主蔓。随着黄瓜的生长，主蔓和叶子之间长出的枝茎叫侧枝，主蔓3～5节下面长出的侧枝和雌花要全部摘掉。只有将侧枝及时摘掉，主蔓才能茁壮生长。从主蔓生出的藤蔓也只留3节，其余的都剪掉，这样才有利于结果。如果不这样处理，所有营养将会用在新枝和新叶的生长上，即使开花了也不会结果。

追肥

黄瓜喜水，肥料成分也会快速流失，因此要定期施肥。

液肥一定要按稀释比例进行稀释，从换盆后开始，每周施肥1次。

颗粒肥料施用过多，植物可能会枯萎，所以每次只向土里洒10～20粒即可。每月施2次左右为宜，施用量视花盆大小和土量多少而定。

开花

黄瓜花分为雌花和雄花。雌花上带着小黄瓜模样的子房。如果想留种子，则需要授粉；如果只想收获黄瓜，则不用授粉。

黄瓜花开放时

黄瓜雄花

黄瓜雌花

收获

当第一个黄瓜长到2厘米左右时，就要提前摘下，这有利于向茎平均输送营养成分。后面结的黄瓜大小达到10厘米左右即可收获。黄瓜会很快长大，所以不要错过收获时机。

病虫害管理

小心去除有露菌病、白粉病的叶子并烧毁，每3天仔细喷洒1次药。预防方面，可以采取放粘虫板、喷洒木醋液、避免过湿、保持通风良好等措施。

掐掉黄瓜生长点

黄瓜秧会一直向上生长。如果长得过高，生长空间就会变得拥挤，所以，在黄瓜秧长到1米左右时，就要掐掉最上面的生长点。

- 所谓生长点，是指最上面枝茎的末端长出的叶子。掐掉生长点时，要把最上面的叶子和茎全部掐掉。

GARDENING
8

秋季必种的

西蓝花

西蓝花富含维生素C，是餐桌上常见的蔬菜，是抗癌效果卓越的健康蔬菜。
西蓝花可以在春季播种，但到了梅雨季和炎热的夏季，比较容易被病虫害侵扰。
西蓝花喜欢阴凉，如果在夏末播种，秋冬季节生长，味道会更甜、更好。

播种

西蓝花种子出芽较快。播种后要保证种子不干燥，经常喷水让土壤保持湿润。

第1次间苗

如果在一个花盆里种多棵苗，生长速度会变慢，所以只需留下2～3棵，其余均拔出。拔出的小苗也可移栽至其他花盆中。

用手连根拔出

间苗后

播种时间：7～8月
栽培温度：白天15～25℃，夜间15～20℃
最低温度：10℃
发芽温度：15-25℃
发芽天数：3～4天
发芽特性：需光发芽
收获时间：播种后4～5个月
土壤：厚且保水性好的有机质土壤
浇水：不宜过湿
原产地：地中海东部沿海地区

覆土

叶子小，茎还很细，会出现变弯或者因浇水而倒伏的现象，所以要用土覆盖茎的部分。如果使用粪便土，还能同时达到施肥的目的。

浇水

如果土壤表层摸起来干燥，就用喷壶均匀喷水使其湿润。如果叶子下垂，则使用盆浸法（从花盆底部吸水的方法）吸水，植物会很快恢复生机。

第2次间苗

西蓝花需要很多养分。要使用有一定深度的大花盆，使其根部能自由伸展，这样才能长得好。一个花盆里只养一棵西蓝花。

施肥

在第2次间苗后，换盆约一个月后，以及开始看到花蕾时施肥。按比例配好液体肥料后喷洒。这里使用的液肥与水的稀释比例为1：500，即1毫升的液肥用500毫升的水稀释。

花蕾

在最上部的中心，开始长出花蕾，并一天一天地逐渐变大。另外，长花蕾时期最需要营养，所以要给予充足的营养。

收获

中间的西蓝花花蕾直径达到10厘米左右时，用刀割下。

侧枝花蕾收获

采收正中央的花蕾后，侧枝上还会不断地长出小花蕾，长大后也是可以采收的。西蓝花叶子也可以一起采收。

病虫害管理

在阳台农场中几乎不会发生大的病虫害。偶尔会因为通风不良而在叶片背面或者新叶上出现蚜虫，所以，平时要注意通风换气。

开花

晚秋播种，一直种到冬天的西蓝花，到了春天天气突然变暖时，会开出黄花。所以，要在此之前采收，或者等种子成熟后留种。

食用方法

西蓝花花朵用沸水焯一下后可以制作成各种菜肴。叶子可用来包饭、做菜，也可以与苹果一起榨汁喝。

播种时间：一年四季均可

栽培温度：20～28℃

发芽温度：25℃

发芽天数：2～3天

收获时间：播种后7～15天

只要播种就能生长的健康“传道士”

麦草

强烈推荐给初涉园艺、刚刚开始阳台农场梦想人士，
或者有着植物杀手之称的臭手却想种植植物的人。
即使家里没有很大的阳台也没关系，在家里任何地方都可以种植。
无关季节，一年四季均可种植。
栽培期不长，生长速度快，播种后很快就能收获，可以尽享清新。

超级食品麦草的功效
有助于延缓细胞老化、生成健康肌肉组织、解毒、提高免疫力、促进皮肤再生

水中泡发种子

室温在20℃左右时，发芽速度可能会下降。为快速发芽，要在播种入土前用水浸泡5～6小时。气温高时，不用浸泡，可直接栽培。

贴士：要使用未经农药处理、未经消毒的小麦种子。因为只有麦芽处于活着的状态且未经消毒的种子，才能发芽。小麦种子一定要密封后放置于阴凉、干燥处保管。

装土

因麦草短期内即可收获，所以使用浅花盆也无妨。钻一排水孔更好，不钻孔也可以栽培。首先在花盆上面铺一层2厘米～3厘米厚的床土。一定要使用新土。

浇水

用喷雾器均匀喷水，使土壤湿润。

播种

将提前浸泡5小时的小麦种子均匀撒在土壤上面。播种时要注意留出间隙。

浇水

再次用喷雾器喷水，充分打湿小麦种子。在发芽前，要经常用喷雾器喷水，让种子保持湿润。如果太干燥，种子会变小，无法发芽。

生长期管理

将花盆摆放在通风良好的地方。如果通风不良，可能不易发芽。播种2～3天后，开始长出白色小芽，之后开始出现草绿色芽。出芽后，用口小的容器浇水，这样更容易控水。

贴士：刚出芽时在根部附近出现的细小绒毛，不是发霉而是小须根。用喷雾器喷水后就消失了。

第2天

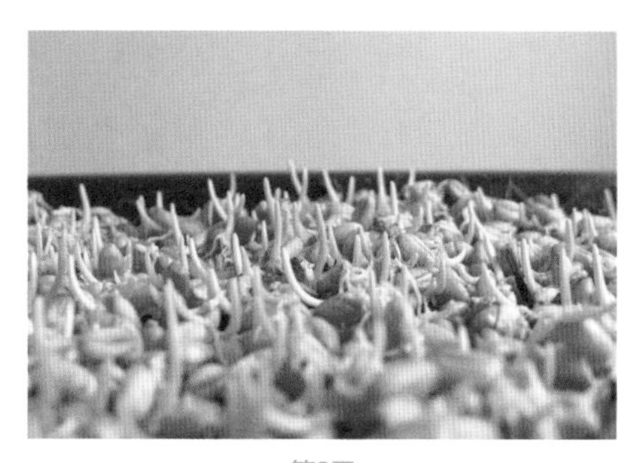

第3天

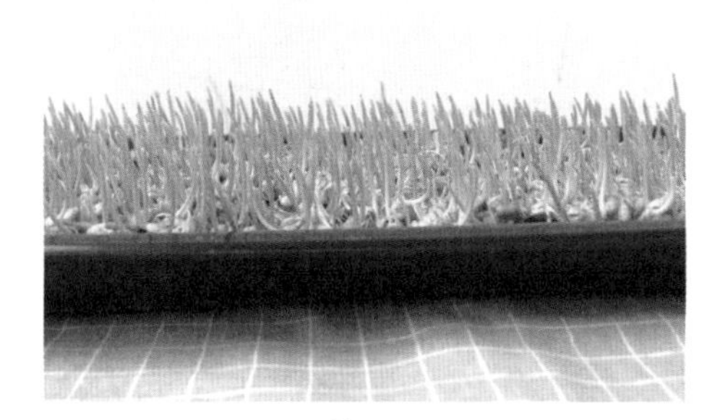

第4天

第5天

第6天

第7天（以5月份为标准）

第8天

麦草长度达到15厘米即可收获（随着季节、天气、温度等栽培环境不同，收获时间也略有不同），再早一点收获亦可。

收获方法

根部留出4～5厘米，用剪子剪下麦草。留下的麦草根还能长出一次麦草，可以再收获一次。

保存方法

将收获的麦草装在密闭容器中，放在冰箱蔬菜格里，可保存5～7天。

食用方法

新鲜收获的麦草立即用来榨汁，每人每天摄取麦草汁30毫升为宜。无法直接饮用麦草汁时，可以加入喜欢的水果或者蔬菜做成果蔬汁饮用，口感更好。

麦种保存时的注意事项

持续高温、潮湿的环境中，特别是夏季，可能会长虫。将种子冷冻保存可以抑制这一现象。如果发现麦种长虫，可找一个通风良好的地方，铺一张白纸，将麦种倒在上面并铺开。隐藏的虫爬出来时，将其捉住，扔进垃圾桶。麦种里的虫不会咬人。

病虫害少、收获期长的

绿色墨西哥辣椒

墨西哥辣椒，与其他辣椒相比，其病虫害少、枝干健壮，如果施肥得当，
一直能收获至晚秋、冬天，很适合在阳台农场种植。
因为太辣，所以很难生吃，主要是腌制后食用。
食用含有大量奶酪的比萨或者奶油意面等时，搭配一点墨西哥辣椒可以去除油腻。

播种

在花盆里加入60%的粪便土后再播种。用喷雾器喷水，使土壤湿润。温度低的情况下，可以在花盆底下垫上电热毯等帮助提高温度。

出芽前要保证土壤湿润。因为是柔弱的嫩芽，所以要注意，夜晚的温度不能低于20℃。

移栽

真叶长出3～4片时，移至大花盆中。太小的苗根系还不发达，移栽后可能会因不能适应新花盆而死掉。移栽后，将花盆移至阴凉处缓2天左右。

播种时间：3月
栽培温度：白天25～28℃，夜间18～22℃
最低温度：15℃
发芽温度：28℃
发芽天数：7～21天
发芽特性：需暗发芽
收获时间：播种后4～5个月
土壤：厚且排水性好的肥沃土壤
浇水：不宜过干
原产地：墨西哥

浇水

辣椒不喜欢太湿，也不喜欢太干燥。如果太湿，容易生病；太干燥则花容易掉落或者收成减少。确认土壤干燥后浇足水，在高温、干燥的夏季，要特别注意浇水。白天不要浇水，以太阳升起前或者太阳落山后浇水为佳。

摘掉初花

随着辣椒的生长，长出Y字形枝茎，新长出来的部分称为侧枝，如果这里开初花，要马上摘掉。

修枝

到了炎热的夏季，辣椒苗会不断长出枝蔓。如果放任不管，开花所需的营养可能会被不断长出的叶子全部耗费掉，所以，为了确保主枝健壮就要去除其他枝蔓。除初花正下方的2根健壮的枝蔓和主枝以外，在其下方生出的新芽都要用手轻轻摘掉。

病虫害管理

辣椒苗容易感染病毒，所以尽量不要淋雨。如果花盆是放在阳台挂架上的，下雨天一定要搬回室内。为预防生虫或者染病，应定期用喷雾器喷洒已用水稀释的木醋液。稀释比例为水：木醋液=500：1。在家里自己制作蛋黄油使用，效果也很好。

开花

适宜开花的温度是18～23℃，空气湿度是80%。如果阳光不足，或者肥料不足，则不易开花。

坐果（结果）

辣椒坐果有70%左右是靠自身授粉，30%左右是靠风、水授粉。花开后，在花粉容易传播的上午8～10点，可打开电风扇或者晃动花架帮助花粉传播。

施肥

从花朵到果实需要很多养分。从开始开花起，每2～3周施1次肥。将液肥按比例稀释后与水一起浇即可。颗粒肥料则用茶勺在土壤表面撒1勺。

收获

辣椒的果实达到6～7厘米时可以收获。用手扭动辣椒蒂即可摘下。如果错过收获时间，辣椒果实表面会有伤，果肉也会变软。在果实较小时收获，不会太辣；完全成熟后收获的辣椒果实会非常辣。

留种

若要获取种子，应等果实完全成熟后再摘。在辣椒完全变红时收获，然后把种子取出，放在阴凉干燥处晾干即可。

食用方法

墨西哥辣椒主要用来制作泡菜。将辣椒子掏出后，在里面装满奶酪，炸着吃也不错。

过冬

一般情况下，辣椒是1年生植物，但在无霜的条件下，它是多年生植物。在天气变冷之前，剪枝、使用新土分盆，然后摆放在室内管理。室内温度维持在20℃以上，晚上移至温室大棚里，打开植物LED灯等补充不足的光照。

换盆时间：3～4月初
开花时间：5～6月初
越冬温度：随品种不同而不同
收获时间：夏季7～8月
土壤：pH值在4.2～5.0的酸性土壤
浇水：保持不干燥

GARDENING

11

每年结出丰硕果实的

蓝莓

每天都想吃的酸酸甜甜的美味蓝莓！

“要是能在家种着吃该有多好啊！”若是你曾这样想过，那现在就开始种它吧！

只要知道几个栽培要点，种植就会简单很多。

选择蓝莓品种

蓝莓品种繁多，栽培时最好结合所处地区环境和耐寒性进行选择。

半高丛蓝莓，主要适于冬季最低温度在-20℃左右的地区；北部高丛蓝莓，主要适于冬季最低温度在-20～-10℃的地区；南部高丛蓝莓，主要适于冬季最低温度在-10～0℃的地区。兔眼蓝莓，即使在冬季气温很少降到零下的地区也可以栽培。

适合在家中栽培的品种有自花授粉率高的南部高丛蓝莓阳光蓝和植株较矮的TOP HAT（高顶礼帽）。

换盆

最适合换盆的时间是春季的3月、秋季的11月。

1. 在花盆底部铺一层大的卵石或者沙石，然后再铺一层厚10厘米左右的蓝莓土。
2. 将蓝莓苗木（或者幼苗）从原来的盆里小心地取出。
3～4. 将苗木放入土中，周围填土后，轻轻按压土壤。
5. 为防止土壤过干，可在土壤表面放一些树皮。
6. 用喷壶充分喷水。初次浇水后泥炭不爱吸收，所以要多浇几次。

树皮
泥炭藓

选土

蓝莓喜欢排水性好、有机质丰富、蓬松的酸性土壤（pH值4.2～5.0），所以不能使用一般的床土或者培养土，一定要使用蓝莓专用土壤。

自己配土时，应混合50%以上的泥炭藓。普通土壤大部分为碱性，用来栽培蓝莓可能会失败。

浇水

种植蓝莓时，最难的是浇水。首先，最重要的是不能过湿；其次，蓝莓的抗干旱力很低，所以不能错过浇水的时机。浇水的量和次数因具体生长环境不同而有很大不同。在炎热的夏天，要常浇水；在寒冷的冬季，则尽量少浇水。

掌握浇水时机的方法就是查看叶子的状态或者土壤是否干燥。掂一掂花盆，估计一下花盆里有多少水后再确定是否浇水。最好的方法是每天查看蓝莓的状态。不缺水时，叶片饱满、坚挺、干净、无斑点，颜色为深绿色。缺水时，叶子无力地垂向地面，叶片颜色变浅。

浇水时，一般是20升土壤浇2～3升的水，保证水分充分到达根部，花盆底有水流出。因为自来水pH值为7.0左右，呈弱碱性，所以一直浇自来水的话，土壤会变成中性。与自来水相比，接雨水（pH值5.6）使用更好。

开花、结果的时期，如果缺水，花会枯萎，果实会变皱，所以这个时期一定不要错过浇水时间。

光照

蓝莓等果树需要充足的阳光。很难在光照时间不超过5小时的阳台农场里种植。如果光照量不足，不易开花，也不易挂果。蓝莓需要良好的通风，所以白天尽量将纱窗也打开，最好是摆放在安装在阳台外面的挂架上。

开花

阳光蓝莓与其他品种不同，花朵开放时，最初是漂亮的粉红色，之后逐渐变成素净的白色。花朵非常美，不亚于观赏花卉，会使阳台变得光彩照人。

人工授粉

在阳台农场中很难靠蜜蜂或者其他昆虫来授粉，所以必须进行人工授粉。

人工授粉方法：可用水彩画笔或者化妆刷触碰雄蕊部分，然后将花粉沾到其他花朵上。植物的自花授粉率再高，在通风受限的阳台，还是要使用工具才能准确授粉。人工授粉要在开花后2～3天内反复进行，才能提高坐果率。若再种植两个其他品种，收获量还会增加。

施肥

若能适当施肥，蓝莓树会茁壮成长，果实也会结得更好。过量施肥易长虫；施肥太少，树就会长得不健壮。换盆后的6周左右，是根部适应新土壤的时间，要避免施肥。普通肥料所包含的镁、钙、铁等成分很难被蓝莓吸收，没有什么效果，所以要使用蓝莓专用肥料。

关于施肥时间，宜在生长旺盛的春季施肥2～3次，9月施肥1次。9月以后，直到晚秋，如果施肥就会发芽，不但叶推迟变红，还会遭受霜害，并且病虫害也会增加，所以不宜过量使用含氮量高的肥料。

收获

开花后60～80天，果实变成泛紫的深蓝色时，可收获。如果过早收获，果实还没有完全成熟，没有甜味。蓝莓不会一次性全部成熟，所以宜从成熟的果实开始陆续收获。收获后要马上冷藏保存，保存时间最多7天。

剪枝

2年生苗木或者插枝分盆时，没有必要特意修枝、剪枝。种植到3～4年时，要果断剪枝，修剪成形。

夏季、冬季管理

- 夏季：必须注意高温干燥，避免盛夏烈日直射。
- 冬季：在气温降到零下之前，要浇水，使根部不干燥。

大部分蓝莓要在-3～-4℃条件下春化1～2个月，第二年才能结果。所以冬季宜放到室外，不要放在室内。

从播种开始

蓝莓树如果从播种开始种植，生长速度会很慢，所以大部分是买苗木来种植的。从播种开始种植，看着从种子开始慢慢成长的过程，虽然要花费很长时间，或许也是享受田园之乐的慢美学吧。

1. 低温处理后的种子发芽率高，所以要将种子放在冰箱里冷藏1～2周。
2. 将种子放在盛有水的容器里浸泡，出现白芽后种到土里。

贴士：在室温很低的冬季或者早春，将盛放种子的容器放在冰箱上、电脑主机上、净水机后面等温暖的地方，马上就能发芽。

3. 在小花盆里加入泥炭土，喷水后，将出芽的种子浅浅地种在土里。
4. 将花盆摆放在光照和通风良好的地方，注意保持土壤湿润。
5. 适宜温度为25～28℃，播种2～4周后会发芽。

播种时间：3月
栽培温度：白天25～28℃
最低温度：16℃
发芽温度：28℃
发芽天数：14～20天
发芽特性：需暗发芽
收获时间：播种后4～5个月
土壤：厚且排水性好的肥沃土壤
浇水：不宜过干

圆圆的

紫色小茄子

茄子的发芽温度高，所以早春播种时，要调整好温度。
如果从播种开始种植，生长速度会较慢，但一到夏季就会疯狂生长。
8月份以后，只要充分施肥，可以一直收获到晚秋，很适合在阳台农场种植。
花盆越大，收获量越大。

播种

宜在室温超过25℃的地方播种，如果环境温度低，不容易发芽。在花盆下垫上电热毯，可提高土壤温度。在发芽前最好不要见光。

幼苗管理方法

在幼苗生长期，也要使温度保持在20℃以上，气温下降的夜晚更要特别注意。从幼苗起，就要喷洒木醋液，注意病虫害预防。

移栽

生出5～7片真叶后，就要移栽至大花盆。按床土5、粪便土5的比例调配盆土。换盆后，将花盆暂时放在半阴凉的地方缓一缓，几天之后再移至光照好、通风良好的地方。

开花

观察茄子的花朵可以掌握其营养状态。茄子花有雌蕊（底部为草绿色，中间是细长的白色部分）和雄蕊（围绕着雌蕊的黄色部分）。根据雌蕊和雄蕊的长度就可以判断营养状态。雌蕊须比雄蕊长是营养状态好。如果雄蕊更长，则是营养不足，需要施肥。

打侧枝

第一朵花开放后就要打侧枝，茄子苗会更健康地长成3枝。留下主枝和第一朵花下面生出的2个侧枝，其下方生出的其他侧枝都要摘掉。过大的叶和老叶都要及时摘掉，有利于通风，下方的花和果实也能更好地进行光合作用。

施肥

第一朵花开放后应施肥。每周1次，将液体肥料用水稀释后，在浇水的同时进行施肥；每月2次将微量颗粒肥料撒至土壤表面。期间，根据花蕊状态也可再多施一点肥。

浇水

花盆里的土太干太湿都不好。用手摸土觉得土壤干燥时，就一次性浇足水。提前接水，去除凉气，以清晨浇水为宜。在空气干燥、阳光强烈的夏季，若土特别干燥，可每天早晚各浇1次水。

人工授粉

在室内种植时，必须人工授粉才能结果。可用软刷触碰雄蕊、雌蕊。最好能在2~3天内连续进行多次人工授粉。如果阳光不充足或者营养不足，授粉不会成功，花会直接枯萎掉落。

坐果（结果）

第一朵花开后不久，如果能授粉成功，就可以结果。在第1个果实成熟前提前将其摘掉，营养才能均匀到达整个植株。

收获

果实长到小孩拳头大小时，就要尽快收获。从茄子把顶部向后折断，或者用园艺剪剪断。注意不要错过收获时间，否则味道会变差。

食用方法

将茄子烤着吃或者与牛肉一起炖着吃都很美味。收成多的时候，可以晒干后冷冻保存。

病虫害管理

如果阳台农场里通风不好，会长蚜虫和叶螨。应将花盆摆放在通风良好的地方，白天最好把纱窗完全打开。

为预防害虫，可将木醋液用500～1000倍的水稀释后，每周喷洒1次。染病的叶子要立刻摘掉，每隔3～4天喷1次药。

令人垂涎的

无花果

8～11月收获的无花果，甜味十足，果皮薄，咀嚼果肉时的颗粒口感，让人喜欢。
食用无花果有助于缓解便秘、解毒、改善高血压、预防老化，有益健康。
无花果富含分解蛋白质的酵素即无花果蛋白本酶，所以吃完肉食后吃点无花果有助于消化。
无花果没有什么病虫害，不需要什么农药，所以管理简单，只要是光照好的地方就可种植。

移栽

移栽在1～3月份进行。种植无花果树以有机质丰富、排水性好的土壤为宜。用花盆栽培时，多放珍珠岩和泥炭土。堆肥中可多混入发酵好的腐叶土或者粪便土等。

施肥

因为树枝全年都在生长，果实较大，所以从春天到秋天要定期施肥。钾肥成分多的肥料最好。

播种时间：3月
栽培温度：白天25～28℃
最低温度：16℃
发芽温度：28℃
发芽天数：14～20天
发芽特性：需暗发芽
收获时间：开花后4～5个月
土壤：厚且排水性好的肥沃土壤
浇水：不宜过干

管理

要尽可能调整好环境温度，保证最高不超过35℃，最低不要低于10℃。另外，还要保证空气湿度不要过高，将花盆摆放在通风良好的地方。

浇水

无花果树喜水。如果太干燥，会掉叶子、生长缓慢。土壤干燥时要按4升土壤浇1升水的比例一次性浇足水。切忌过湿！否则会烂根，影响植物生长。一定要在确认土壤干燥后再浇水。

病虫害管理

无花果几乎没有病虫害，可进行无农药栽培。没染病的健康无花果树，叶子呈草绿色，无斑亦无变色。

无花果的果实

人们吃的无花果的果实，事实上不是果，而是花（花蕾=果实）。即使不授粉也能结果。果实不见阳光的部分不会变色。果实上方如果有挡光的叶子要去除。

收获

无花果与苹果、梨等不同，不是一次性全部收获，而是成熟一个收获一个，绿色的果实变红就说明成熟了。成熟的无花果很难长时间保存，最好收获后马上食用。

扦插：将剪掉的树枝种在土里

无花果树可以通过扦插进行繁殖，生根能力强，不挑土壤。扦插的方法是首先从树上剪下一段（约10厘米），种植到新土中，不要埋得太深。无花果树是浅根性（根须不会扎入土壤很深，而是分布在土壤表面）的植物，所以往土里插枝时，向旁边斜着插较好。注意浇水，避免扦插枝干枯。光照充足，生长就旺盛。寒冷的冬季要保证温度在10℃以上，光照不足时可用植物 LED灯等来解决。

食用方法

无花果主要用来生吃，也可以晒干后食用，还可以用来做无花果沙拉、无花果蛋糕等。

- 播种时间：3~6月，9~10月
- 栽培温度：17~25℃
- 发芽温度：15~25℃
- 发芽天数：2~4天
- 收获时间：播种后2~3个月（阳台农场标准）
- 土壤：排水性好的土壤
- 浇水：不宜过干
- 原产地：欧洲

越看越可爱的

粉红色水萝卜

在室外种植仅需要20天即可收获的水萝卜，在阳台农场中种植却需要2～3个月才可收获，
但比起其他根菜还是属于收获偏快的。
也没有必要像胡萝卜一样使用深的花盆，或者像甜菜根一样使用大花盆来种植，
除去含梅雨季的仲夏，一整年都可以种植，其种植难度不大。
桃红色很漂亮，外形也很可爱，是让人想动手去种的高颜值蔬菜。

播种

发芽率高、出芽快，最好摆放在光照最好的地方。经常用喷壶喷水，保持土壤湿润。不要使用育苗盆，最好直接播种（直播）到花盆里。

间苗

避免种得太密，要适当保持6～7厘米的间距。若苗太密，要拔掉一些。间出的苗可以移栽至其他花盆中。刚移苗的1～2天要摆放在阴凉处，以适应新的土壤。

连根拔起的样子

第1茬间苗

覆土

如果光照不好，红色部分会疯长，红色部分不是茎，而是以后变成萝卜的部分。所以要用土把红色部分盖好，不要露出来。

土壤管理

要勤浇水，不要太干燥。如果土壤过于干燥，突然浇水会使根爆掉。如果通风不好或者过湿则会长蚜虫。平时要注意通风换气。

收获

直径达到2~3厘米即可收获。把所有叶子抓住，连根拔起。请注意，如果错过收获日期，萝卜表面会裂开。

食用方法

水萝卜表面为亮粉色，里面像普通萝卜一样为白色。没有普通萝卜辣，肉质紧实，可放在沙拉中生吃，也可以用来做泡菜。烧菜也好吃。

水萝卜答疑

❶ 水萝卜不圆的原因是？

光照不足，或者间苗不够充分造成植株间间隔过小，也可能是生长期间温度过高，土质有问题也会导致根部变长。

❷ 叶子茂盛但根部不粗的原因是？

土壤中氮成分过大。对根茎类蔬菜而言，钾肥最好 。

- 最佳生长温度：15～18℃（降到10℃以下或者达到24℃以上的情形，会停止生长）
- 发芽天数：3～7天
- 栽培时间：10～20天

GARDENING

15

一天一个样儿，每天给人惊喜的

杏鲍菇

经常会有人抱怨，房子不朝阳，冬天很难种菜，

我想对这些朋友推荐蘑菇这种蔬菜。

将蘑菇培植桶放置于阴凉的地方，勤浇水，只要调整好湿度，

可以看到蘑菇噌噌长大的样子。

蘑菇培养基在园艺店有售。

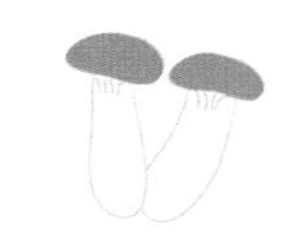

准备物品

蘑菇培养基、桶、喷壶、不织布

1

拿到蘑菇培养基后立刻开始栽培。首先确认培养基的状态。不能直接向培养基喷水。培养基如果板结，会导致栽培失败。

2

在培养基上面盖上不织布，用喷壶喷水。注意，培养基上不能有积水。

将培养基放在通风良好、阴凉的地方（15~18℃），如背阴的角落、仓库等处，避免直射光线。经常喷水，保持不织布湿润。

经常查看不织布是否已干，干了要及时喷水。翻开不织布，查看蘑菇是否长出来。一般3~7天后会长出多个小蘑菇，这时要拿掉不织布。

用喷壶在蘑菇周围喷水，提高湿度。不是直接喷到蘑菇上，而是隔一定距离喷，提高周围的湿度。蘑菇上有点露水即可。

蘑菇长到小手指大小时，仅在培养基上留2个，其余全部可采收。市面上销售的迷你杏鲍菇都是这个时候采摘的。收获的迷你杏鲍菇可以用来做菜。

培养基上留下的2个杏鲍菇用相同方法喷水。如果蘑菇表面开裂，说明太干燥了，要及时喷水。

大约2周后，蘑菇就长大了。

9

用手将蘑菇折断。

10

收获后，刮培养基，直至出现褐色培养基，还可以进行二次栽培。与第一次栽培开始时一样，先用不织布盖上，喷水。

各季节蘑菇种植

蘑菇种植的最好季节是冬季。当然，春、夏、秋季也可以种植，只要将温度控制在蘑菇喜欢的温度即可。气温太高时，可将冰袋和培养基放在冰盒中。湿度过高时，可以不盖不织布。

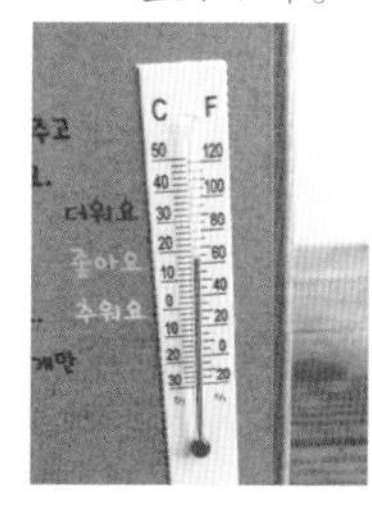

栽培环境（喷水的次数、温度、湿度、空气循环情况）不同，出蘑菇时间或者生长期可能会不同，生长状态也会不同。并且，蘑菇的外形或者颜色也可能不同。

还可以用相同方法在家里培育平菇、金针菇等。

蘑菇栽培失败的原因

拒绝绿色、黑色霉斑

白色蜘蛛丝和棉花糖状霉斑是正常的，但是，如果产生绿色、黑色等其他颜色的霉菌，则是因为过湿或者氧气不足引起的，要迅速刮掉，重新开始栽培。

拒绝变硬的培养基

如果培养基干燥，会变硬，长不出蘑菇。在白色菌丝上直接喷水也会造成培养基变硬，无法长出蘑菇。如果培养基已经变硬，就全部刮除，重新开始栽培。

不要多浇水

蘑菇和培养基变黑，是湿度太大造成。刮培养基，直至出现锯末，然后重新开始栽培。如果不出现正常锯末，或者过分软烂，则需要全部扔掉。

FRANCISCO
Mint

Part 03

打造有花、有草的浪漫阳台庭院

柠檬罗勒 芝麻菜

洛神花 天芥菜

甜叶菊 苹果薄荷 千日红

玻璃苣 天竺葵 伽蓝菜

三色堇

播种时间：4～5月
栽培温度：20～25℃
最低温度：1年生植物无法过冬
发芽温度：25℃
发芽天数：5～10天
发芽特性：需光发芽
开花时间：9～11月
收获时间：6～10月
土壤：保水性好的肥沃土壤
浇水：不宜过干
原产地：印度、埃及、太平洋岛屿

GARDENING

1

散发甜罗勒和柠檬香的

柠檬罗勒

大部分阳台农场里的园艺菜鸟最喜欢种植的作物就是罗勒。
种植难度小，也可以随时收获，并马上用于烹饪，
香味独特的罗勒非常有魅力。
特别适合与番茄、橄榄油、奶酪搭配的罗勒是意大利料理中绝对不可或缺的植物。
罗勒有甜罗勒、柠檬罗勒、肉桂罗勒、紫罗勒、迷你罗勒等多个品种，
叶子和香味都会略有不同，选择自己喜欢的品种来种植也是一种乐趣。

播种

罗勒种子遇水会生成像蝌蚪卵一样透明的膜。发芽期间要保持土壤不干燥，环境温度维持在20℃以上。

甜罗勒和柠檬罗勒的叶子外形稍有不同，而且柠檬罗勒发出柠檬香味，但它们的栽培方法相同。

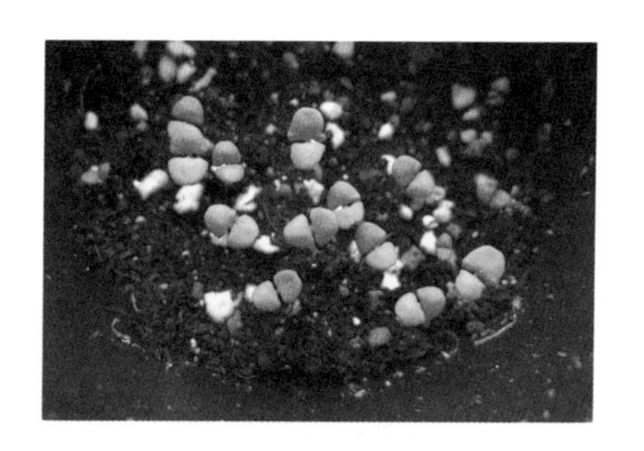

甜罗勒播种后第15天

播种后第25天

播种后第35天

柠檬罗勒播种后第15天

播种后第25天

播种后第35天

确定栽培场所

在光照好、通风良好的地方栽培。如果通风不好，容易发生病虫害，需注意!

浇水

不宜过干。确认表层土壤干燥后再浇水。如果水分不足，叶子就会没有生机、不坚挺。

施肥

因为罗勒生长旺盛，所以必须追肥。从长到约10厘米长时起，在水中适量稀释液肥，每2～3周施1次。

打尖

罗勒的茎长到20厘米左右时，把上方的尖打掉。打尖后，将向不同方向长出侧枝，会长得相对茂盛，收成也会增加。

收获

枝叶茂盛，就可以随吃随摘。

开花后叶子变硬，香味就变少了，所以要在开花前收获。收获时可用手摘下或者用剪刀剪下。

开花与采种

抽出花箭时，如果想继续收获叶子，可将花箭剪掉；如果想采种，就将花留下。不必人工授粉，花凋谢后，子房长大，成熟后变成褐色，可采种。

病虫害管理

若通风不好或者土壤太湿，可能会长虫。如果发生虫害，健康的草绿色叶子会出现斑点而显脏。害虫主要有械绵蚧、螨虫等，预防方法方面，平时要注意通风换气，定期喷洒木醋液。

甜罗勒分盆方法（分棵移植）

1

在花盆底部打排水孔。土盆或者排水孔大的花盆要先加垫网。

2

在花盆中加入草本混合土（园艺用床土6：珍珠岩3：堆肥1）。为了有良好的排水，在土壤中多掺入珍珠岩或者沙石等。

3

真叶达到4～6片以上，即可分盆。如果在这之前分盆，因为根还很弱，分盆后很快会死掉。

4

将花盆里的罗勒苗连根拔出，注意不要伤根，小心分离植株之间的土壤。将分好的植株分别栽种到不同的花盆中。

5

用喷壶喷水，将土壤湿润。在花盆中间挖个洞，将一株罗勒放入其中。

6

分盆后先将花盆摆放在阴凉处缓1～2天，然后移至通风良好的地方。

GARDENING

2

略带苦味又香气扑鼻的魔力

芝麻菜

5 ~ 6年前我曾去纽约旅行，在一家知名早午餐店里，店员推荐了芝麻菜比萨，
这是我第一次接触芝麻菜。芝麻菜叶本身的香气和略带苦味却醇香的味道真的很好吃，
回国后也无法忘记那个味道，所以就开始自己在阳台农场里种。
第一次在阳台农场里用心种植的芝麻菜真的相当成功。
尝试做了三明治、比萨、意大利面等各种意大利料理，
吃五花肉时用来包肉也很不错。
没有菜的时候，用芝麻菜嫩叶加辣椒酱拌饭也非常好吃！
从此以后，芝麻菜就成了我家阳台农场里一整年都会种的菜。

播种

一到初夏，温度稍微上升、变暖，芝麻菜就会马上抽出花箭，所以，比起春天，在秋天播种能收获更久。芝麻菜很耐寒，在寒凉的气温下也能生长，所以冬季也能一直收获。

如果在芝麻菜很小的时候收获，香味会更浓，所以，也可以在春天大量播种，在短期内收获。

PETIT
JARDIN
播种时间：除仲夏外一年四季均可
栽培温度：10～20℃
发芽温度：15～25℃
发芽天数：3～7天
开花时间：4～5月、7～8月
收获时间：随时
土壤：排水性好的土壤
浇水：不宜过湿
原产地：地中海沿岸地区

覆土

如果光照不足，会出现徒长的现象。为了避免枝茎倒伏，应用土填充、覆盖。

管理

首先，确认土壤干燥后再浇足水，不必施过多肥料。只有通风良好，才能保证不发生病虫害，所以要注意通风。

间苗

播种时，如果撒种过多，发芽后芝麻菜会密密麻麻地挤在一起。叶子之间的间隔太小，通风不好，容易滋生蚜虫，所以要间苗，把一些植株连根拔出，从而扩大间隔。

收获

叶子大小达到10厘米以上就可以开始收获了。芝麻菜叶子长大后可随时收获。收获方法是从外侧的叶子开始，用手向后折。收获后，将液体肥料用500倍的水稀释后进行追肥。

开花

如果温度上升、天气变暖，芝麻菜苗就会抽出花箭、开花，花朵形似蜻蜓。抽出花箭后，叶子变硬，所以要想持续收获菜叶，就要赶快把花箭摘掉。花开花谢后，子房长大，完全变干，呈紫色即可采种。将采下的种子密封后放入冰箱冷藏保存，第二年可以再次播种。

病虫害管理

如果通风不好，芝麻菜发新芽的部位会长蚜虫，所以要注意通风。植株间距不要太小，也不要浇水过量。

预防病虫害的方法是，将木醋液用1000倍的水稀释后，每周喷1次。如果长了蚜虫，可使用蛋黄油或者环保杀虫剂等产品进行喷洒。一定要按稀释比例用水稀释，每隔3～4天喷1次，直至蚜虫消失。

GARDENING

3

花萼比花朵更有用的

洛神花

用洛神花泡水，水会呈现很漂亮的红色，味道微酸。
洛神花的叶子外形独特，花与杜鹃花很相似。
其实人们用来泡水的部分不是花，而是晒干的深紫色花萼。
洛神花怕冷，无法越冬，所以最好是早春播种、秋季收获。

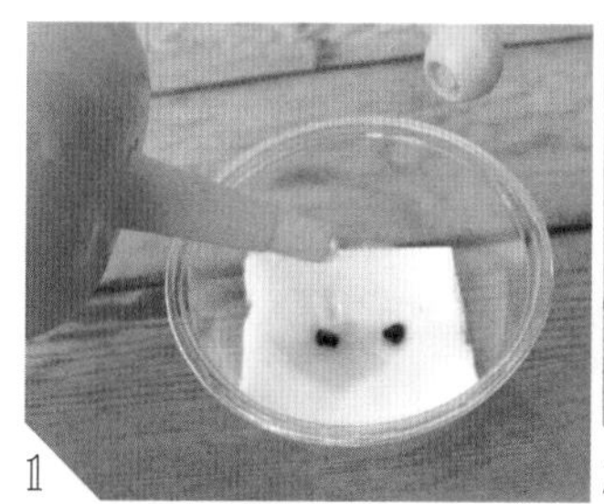

1

2

3

一 播种

像洛神花这种发芽时间很长的植物，最好不要直接播种到土壤里，而是先用水泡一下，等种子发芽后再种到土壤里。

1. 在容器里铺上化妆棉，将种子放在化妆棉上，用喷壶喷水，打湿化妆棉和种子。
2. 盖上打孔的盖子，防止水分蒸发。放置于室温25℃左右的地方。
3. 种子破壳长出白芽时种到土壤里。

贴士：种子泡入水中两天以上，有可能腐烂，应注意！

播种时间：3月
栽培温度：20～30℃
越冬温度：不可越冬
发芽温度：25～28℃
发芽天数：7～15天
发芽特性：需光发芽
收获时间：10～11月
土壤：厚且排水性好的肥沃土壤
浇水：宜干燥
原产地：亚洲热带地区、非洲西北部地区

在育苗盆里播种

在育苗用花盆里加入70%左右的土，然后用喷壶喷水，使土壤湿润。在花盆中间挖一个深2～3厘米的坑，种下发好芽的种子。种在育苗盆里，不久就会发芽。

换盆

长出6片以上真叶后，移至大花盆里。种植草本植物时，推荐的土壤配比率为培养土4：沙石3：珍珠岩2：堆肥1，花盆置于通风良好、光照好的地方。

打尖

植株长到20厘米左右时，用园艺剪把最上面的尖剪掉。被剪掉部分的周围会再长出3～4个侧枝，整个植株会更加茂盛。

如果不打尖，就会一直以一字型向上生长，虽然不会出现什么特别的问题，但收成会减少。

插枝

打下来的枝可以用来扦插。在花盆里加入新土（以床土5：蛭石5的比例配比），浇足水后，将剪下的枝插上。不要经常浇水，保持稍干燥的状态。经过1～2个月，就可以看到扎好根的样子。

形成花萼

早春播种的洛神花，从入夏开始形成紫色的花萼。

开花

快开花的时候，傍晚5点以后就要罩上遮光膜，第二天早上太阳升起时再重新揭开。这样可以将开花时间提前。洛神花早上很早开花，很快就会枯萎。若想看花开，则要早上早起。

含苞待放的样子

花朵盛开的样子

管理

在浇水方面，保持土壤稍干，避免过湿。开花需要很多营养成分，所以应每月施肥1次。如果最下面的叶子变黄，就意味着营养不足。营养不足会导致结果减少。

收获

花谢后采摘花萼。收获的紫色花萼晾干，可用来泡水喝。洛神花不耐寒、不能越冬，所以要在天气变冷之前采收完。

收种

等花萼中的种子充分成熟就可收种。刚收获的种子，紫色花萼里侧的子房是淡绿色的，放一段时间后会变成黄土色。一个花萼中有20～24颗种子。

播种时间：12月～次年2月
栽培温度：15～25℃
越冬温度：10℃以上
发芽温度：20～24℃
发芽天数：10～14天
发芽特性：需光发芽
开花时间：一整年内
土壤：排水性好的肥沃土壤
浇水：不宜过干
原产地：秘鲁、厄瓜多尔

紫色花朵散发巧克力香味的

天芥菜

花朵散发巧克力香味的天芥菜，也是用来制作香水的草本原料。
开的花很小巧，中心部为白色，越往边缘处越被紫色所渲染。
不耐寒，冬季环境温度不能低于10℃。一年四季都开花，
是能给阳台农场增光添彩的植物之一。另外，其花味道香甜似巧克力。

直接播种天芥菜比较难，大部分都是购买天芥菜苗来种植。
挑选菜苗的秘诀是，茎要健壮，叶片要新鲜、颜色呈草绿色，
确认真叶下面有双子叶、没有病虫害等。
左侧照片上的天芥菜苗，虽然枝蔓很健壮，
但只有一根主枝向上生长、不茂盛，
如果继续这样长下去，只会徒长，所以要适当剪枝。

徒长的苗

状态良好的苗

剪枝

剪下的枝

1. 用园艺剪从中间剪下天芥菜的枝。
2. 剪下的枝，只留上面的几片叶子，下面的叶子全部摘掉。
3. 在漂亮的玻璃瓶或者其他空容器中加水，插入花枝。

水培天芥菜

4. 将水培的玻璃瓶放置于通风良好的窗边，每天换水。生根需要20~30天。

贴士：将水培花瓶放在客厅或者餐桌上，能起到装饰的效果，可以多养几瓶。

5. 大约一个月后，水培的枝上就能生出根，可以一直水培下去，等根再长多一些时，也可种到土壤里。

6. 剪枝后的天芥菜，花盆太小，需要更换大1～2号的花盆。换盆后，先移至阴凉处养1～2天，再将花盆摆放在光照好、通风良好的地方。
7. 剪枝后的天芥菜移栽至大花盆15天后，开始不断长出新叶子。避免浇水过于频繁，导致土壤过湿。但也不可太干燥，如果表层土壤干燥，应立即浇足水。

施肥

在植物生长旺盛的春秋季节，在土壤表面撒少量有机肥料。花会开一整年，所以宜每月施1次肥。

低温处理

开花时节，先将花盆置于10℃的环境下放9天，然后再移至20℃的环境，开花会更快。

开花

光照越是充足，花的紫色会越深。将花连着枝一起剪下，可以用来插花，也可做成干花等。

去除残花

去除残花既有助于预防病虫害，也有助于后续快速开花。

病虫害管理

天芥菜不易滋生害虫，但是，有可能被别的植物传染，所以平时要多注意观察叶子的状态。如果营养不足，下面的叶子会变黄；如果浇水过多，土壤过湿，就会造成叶子边缘变黑。

味道和白糖一模一样的

甜叶菊

甜叶菊，比白糖还甜的植物，作为天然甜味料，广为人知。
有助于调节血糖、预防老化、缓解宿醉等，抗氧化成分比绿茶高5倍。
在秋季，其甜度增加，收获后可以用来做糖浆代替白糖使用。
农家还用甜叶菊来提高水果的糖度，所以甜叶菊也被广泛用于农业。

播种

甜叶菊发芽率低，所以最好尽量多播种。发芽过程中需要阳光，所以种子上面覆盖的土不要太厚。

发芽

开始长出子叶。如果温度能维持在25℃以上，湿度保持在80%左右，7天内就能发芽。如果是陈年种子或者发芽环境不好，可能需要7～30天。发芽前一定不能让土壤干燥。

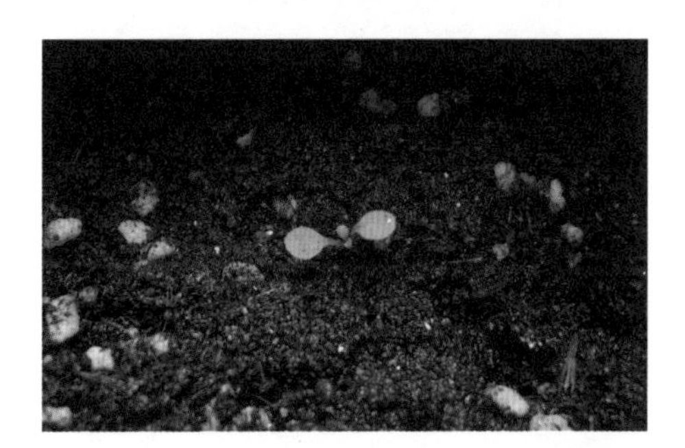

换盆

真叶长出4～6片时换盆。换盆后先将花盆摆放在阴凉处缓2天左右，之后再移至光照好、通风良好的地方。

播种时间：4～5月
栽培温度：21～27℃
最低温度：0℃以上
发芽温度：25℃
发芽天数：7天
发芽特性：需光发芽
开花时间：8～9月
收获时间：播种后4个月
土壤：排水性好的沙质土壤
浇水：保持土壤不干
原产地：亚热带湿地

浇水

甜叶菊的栖息地是湿地，所以不喜欢干燥。只要表层土壤干了就马上浇足水。推荐用盆浸法浇水。如果土壤处于湿润状态还经常浇水，会造成土壤过湿，易导致病虫害发生，所以要经常确认土壤干燥程度。

施肥

换盆时，在盆土中混入少量有机肥料。液体肥料要用水稀释，每个月施肥1～2次。

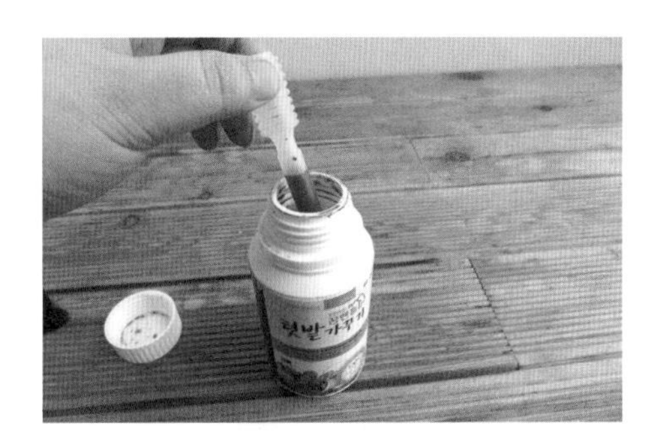

剪枝

秧苗长至20厘米后，就要从大致中间的部位将上半部分全部剪掉。剪枝后会长出新的枝，植株会变得更加茂盛。

收获

甜叶菊的甜味成分——甜菊苷1年中最高的时候是在开花之前，所以最好在开花之前收获。

开花

开白色的小花。下午3～4点以后套上黑色袋子遮光，能更快开花。若每天光照时间超过12小时，开花时间会延迟。

夏季管理

很耐湿，但难以抵御30℃以上的高温。仲夏时节要避开阳光直射，将花盆移至半阴处。为预防病虫害，要果断地在梅雨季到来之前剪枝。

冬季管理

有较强的抗寒性，但温度降到零下则会冻伤。应将最低温度保持在0℃以上，白天一定要开窗换气。浇水时要比其他季节少浇。

采种

花谢之后，种子完全成熟，即可采种。

种子保管方法

将种子放置于阴凉、干燥的密闭之处保管即可。完全成熟的甜叶菊种子发芽率也只有20%～30%。常温下，种子放1年，就几乎不再发芽。最好采种后马上播种。

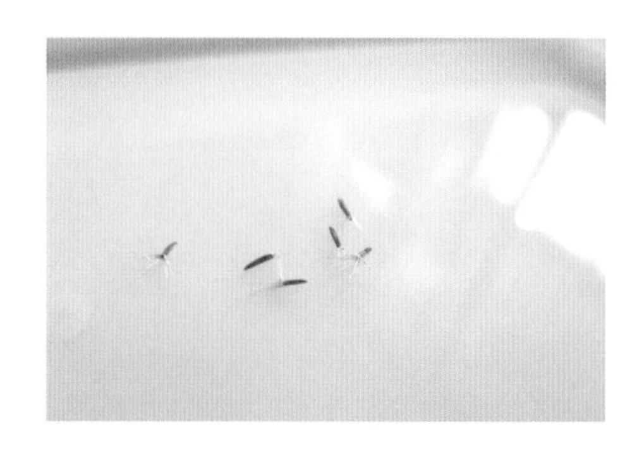

食用方法

甜味菊的叶子能发出甜味，可以随时摘下泡茶喝，也可以加工成糖浆用来做菜。

病虫害管理

阳台农场要注意的害虫有叶螨、桑蓟马、温室白粉虱、蚜虫。平时将窗户大开，以保持通风良好。预防方面，可将木醋液用1000倍的水稀释，经常用喷雾器喷洒叶片、枝茎等。

- 播种时间：3~6月，9~10月
- 栽培温度：15~25℃
- 最低温度：–18℃
- 发芽温度：15~25℃
- 发芽天数：10~15天
- 发芽特性：需光发芽
- 开花时间：5~9月
- 收获时间：开花前随时
- 土壤：排水性好的土壤
- 浇水：保持土壤不干
- 原产地：欧洲西部和南部、西亚等地区

GARDENING

6

满满清凉感的

苹果薄荷

因轻轻一碰就有苹果香味而得名的苹果薄荷。

在家里阳台、办公室窗边等光照充足的地方都可以种植，生长速度快，扦插易成活，所以很轻松就能扩大种植。如果春天种植苹果薄荷，大概初夏时节就可以享用莫吉托。

播种

种子非常小。使用育苗盆育苗比较好。浇水一定要使用盆浸法。如果从土壤表面浇水，种子可能会被冲到很深的地方而无法发芽，所以在发芽前要用盆浸法。

生长状态

苹果薄荷的新芽很小，初期长得很慢。长到1～2厘米需要1个月的时间（环境不同，会略有不同）。

换盆

苹果薄荷长到一定程度后，会长得很快，所以一定要换盆，种在尺寸较大的花盆里。多在土壤中掺入沙石或者珍珠岩，提高土壤排水性，换盆后先将花盆摆放在阴凉处缓1～2天，之后再移至通风良好的地方。

浇水

土壤表层干燥时，就一次浇足水，直到有水从底部流出！因为苹果薄荷不耐干燥，所以要经常检查土壤状态，不要错过浇水时机。不过，也不能过于频繁（过湿），否则会伤根，还会滋生根蝇。土壤过湿还会造成叶片边缘变黑。

施肥

如果换盆时在盆土中混合一些堆肥，就不用特意追肥了。剪枝后要加施营养液肥。如果苹果薄荷最下面的叶子变黄，就可能是营养不足的信号。

剪枝和收获

苹果薄荷的生长速度快，很快就会变得枝繁叶茂。茂盛的枝叶随时可以剪枝、收获。如果疏于剪枝，则无法让每个叶片均匀进行光合作用。同时，因为通风不好，很快就会长虫子。

按季节管理

夏天的梅雨季到来之前，一定要剪枝，且尽量不要浇水。干燥的秋季别让土壤缺水，追肥（肥料）也要充足。苹果薄荷有良好的耐寒性，所以冬季不用特别地进行温度管理。尽量在白天浇水，不要太勤。阳光和煦的日子，将窗户完全打开，通风换气。

病虫害管理

如果通风不好，会滋生叶螨、桑蓟马、蚜虫等害虫，所以平时要多注意换气。预防方面，按比例用水稀释木醋液后喷洒。凋谢的叶片、染病的叶片、生虫的叶片要立即清理。

播种时间：一整年
栽培温度：20～25℃
发芽温度：24～25℃
发芽天数：10～14天
发芽特性：需光发芽
开花时间：7～11月
收获时间：8月以后随时
土壤：排水性好的土壤
浇水：不宜湿
原产地：美洲热带地区

信守千日感性的花

千日红

可以在阳台庭院里种植的花的种类，比想象的要多得多。
其中千日红最名副其实，花开后能持续很久，是耐旱、抗酷暑的品种。
种植方法也不难，所以强烈推荐给想让阳台农场长期有花的新农夫们。
花收获、晾干后变成干花，颜色也没有太大变化，可以用来装饰烛台或者做成书签等。

发芽

千日红的种子有纤毛覆盖，所以播种后很难发芽。宜混以粗沙揉搓，去除纤毛后，放在水中浸泡1～3天，等出芽后再播种到土壤中。

播种

发芽需要光照，所以播种后要立即将花盆摆放在光照、通风良好的地方。长出子叶前要保持土壤湿润。

移栽

真叶长出3～4片后，移栽至大花盆中。配土按泥炭土2：珍珠岩1：蛭石颗粒1：堆肥1的比例混合，排水性好。如果觉得移栽有难度，最好从开始的时候就直接用大盆播种。

浇水

幼苗时期，一定要在土壤完全干透前浇水，以免枯萎而死。长出多片真叶，苗长到一拃以上高了，浇水可逐渐减少，让秧苗茁壮成长。盆土保持偏干为好。

施肥

氮过多时，不利于开花，所以不用额外施肥。播种时在盆土中混入少量的堆肥就足够了。光照充足、温度适当即可开花。如果下方的叶子变黄，或者植株整体发蔫无力，则需要施一些液肥。

开花

播种后2～3个月，开始长出花蕾。新枝叶长出后，也会持续开花。一段时间后，花会逐渐变大，但花的颜色长久不变。

病虫害管理

如果浇水过多，土壤的水分含量增多，容易发生斑叶病。刚开始叶片上会长赤色斑点，如果盆土一直保持过湿的状态，整个植株会枯死。如果通风不良，就会滋生蚜虫，所以平时要注意通风、换气。如果长了蚜虫，可以每3天喷洒1次杀虫剂等。

收获

开花后，可以在需要时收获。可以整枝剪下，也可以只摘花。

播种时间：4～5月，9～10月
栽培温度：15～22℃
最低温度：5℃
发芽温度：20～25℃
发芽天数：7～14天
发芽特性：需光发芽、需暗发芽均可
开花时间：3～7月、9～10月
土壤：肥沃、保水性好的土壤
浇水：不宜过湿
原产地：地中海沿岸地区

GARDENING

8

摘一颗紫色的星星给你

玻璃苣

花朵形似星星的可爱草本植物，玻璃苣的矿物质含量极高。
众所周知，玻璃苣有一定的药用价值，在西方被广泛应用于治疗忧郁症。
玻璃苣的耐寒性差，冬季很难在室外种植，但是，在温暖的室内是可以的。
冬季尽可能不要经常浇水，白天要打开窗户，保持通风良好。

播种

将种子播撒在土壤中，要注意夜间温度不能太低。只有土壤处于湿润状态下，种子才能发芽，所以一定要及时浇水。

移栽

真叶长出3～4片以上后，移栽至大花盆。因为玻璃苣能长到1米高，所以，最好移栽到直径18厘米以上的花盆里。为了保证盆土的排水性，可在盆土中多混合一些沙石和珍珠岩。

夏季管理

春季播种的话，到了夏季，玻璃苣不耐夏季的高温多湿，所以要避开阳光直射。宜将花盆移至半阴凉处，同时注意保持通风良好。

浇水

土壤表层干燥时，要浇足水。如果缺水，叶片会很快变蔫。玻璃苣怕潮，所以梅雨季尽量不要浇水，或者比平时少浇水。如果浇水过多，土壤过湿，就会造成烂根。

施肥

玻璃苣不需要很多肥料，只要在长出花蕾时，将液肥用500倍的水稀释后进行施肥，或者将少量有机肥料撒在土壤表面即可。

长出花蕾的样子

搭架子

玻璃苣是大型草本植物。如果枝茎变粗、变重，就会变弯，所以要在四周搭支架加以固定。

开花

玻璃苣花不会一次全开，而是次第开放。花朵大部分是蓝色，偶尔会有几朵从粉红色渐变到紫色、蓝色。

食用方法

叶子散发独特的黄瓜香味，从嫩叶时就可以想吃就摘。可用来做沙拉或者饮料。花也可以食用，常作为料理的装饰使用。

玻璃苣花也可以用来制作押花（具体方法可参考第229页）。

播种时间：3~6月，9~11月
栽培温度：15~25℃
最低温度：10℃
发芽温度：25℃
发芽天数：5~14天
发芽特性：需暗发芽
开花时间：全年均可
土壤：排水性好的土壤
浇水：宜干燥
原产地：南非

GARDENING

9

美丽花园必备的

天竺葵

除超过30℃的仲夏高温日子外，天竺葵在阳台农场里一整年都开花。
将其称之为最受园艺人欢迎的花也不为过。天竺葵人气如此高的理由，
首先是种植难度小，种类繁多，有种植的乐趣；
另外，一整年都可以看到花是其最大的魅力。
剪下健壮的枝条进行扦插，扎根的成功率高，可以轻松地分出好几盆。
扦插成功，一盆变多盆，阳台农场就会变魔术一样成为天竺葵花海。

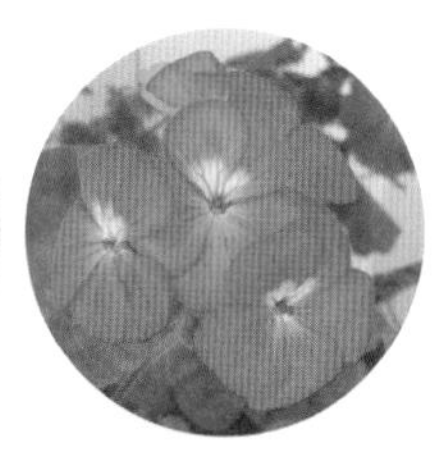

播种

将种子用水先浸泡一下，再播种到排水性好的土壤里。天竺葵为喜暗性种子，所以可覆盖一层报纸，用于遮光。

贴士：所谓喜暗性种子，是指在暗处更容易发芽的种子。

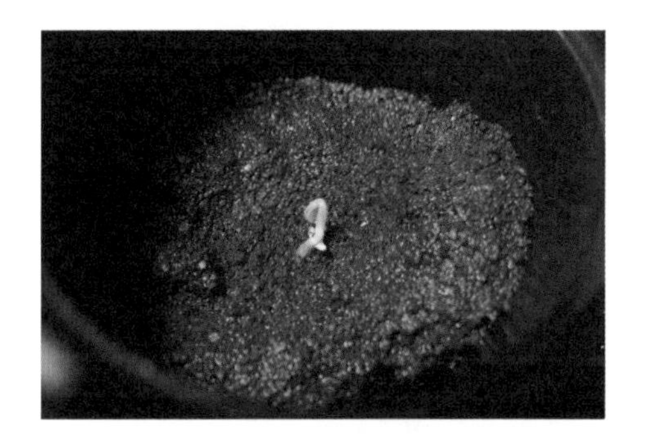

发芽

天竺葵种子属于比较容易发芽的。如果温度合适，很快就可发芽。发芽后要将花盆移至采光好的地方。

换盆

叶片的数量增加，植株高度也长到一定程度后，就要移至大花盆中。换盆后2~3天要摆放在阴凉处缓一缓。天竺葵需要有良好的排水，所以土壤配比很重要。宜将泥炭土、腐叶土、沙土、珍珠岩等均匀混合使用。

浇水

天竺葵耐旱，不喜欢过湿，忌每天浇水！摸盆土时，如果很干，就及时一次性浇足水。干燥的季节经常浇水，梅雨季节尽量不浇水。土壤完全干燥（右侧照片）时，颜色变为褐色。

施肥

换盆时，可适当混合堆肥作为底肥。因为天竺葵一整年都开花，所以最好定期追肥。抽出花箭后、花谢后必须施肥。

如果营养不足，花色会变浅，叶片颜色会变黄。使用磷酸含量多的颗粒肥料或者液体肥料即可。经常施氮含量多的肥料，不易开花。在生长旺盛的春天和秋天，宜每月追肥1次。

夏季管理

如果多日持续超过28℃的高温，植株可能会生病。叶片过于茂盛时，需要剪枝，以预防病虫害。摆放在无直射光线、通风良好的阴凉地方。虽然开花，但个头小、颜色浅。

冬季管理

最低温度要控制在10℃以上。可制作小型温室大棚，将花盆置于其中。白天天气暖和时开窗，经常通风、换气才能预防病虫害。冬季里植株根系吸水能力弱，所以要少浇水，且最好在温度偏高的正午浇水。

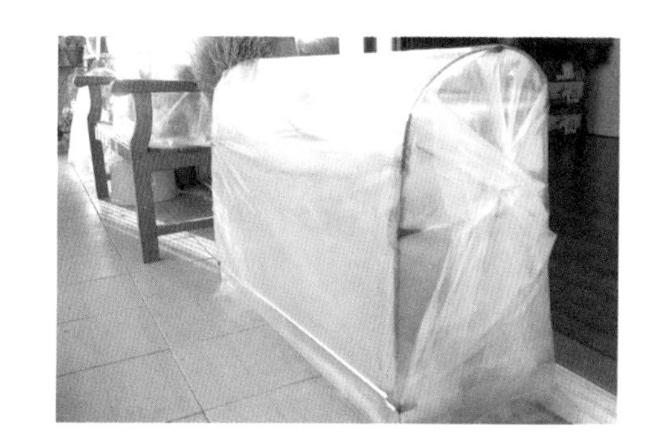

开花

抽出花箭，开始开一两朵花，随着开花数量渐渐增多，形成花球。每次开花的花期很长，如果各种条件都好，会不断长出新的花箭。

开花后管理

最好将凋谢的花和叶子立即清除，如果不立即清除，其他花、叶子也会跟着凋谢。所以，要将凋谢的花带枝全部用剪刀剪掉。

人工授粉

用软刷或棉签触碰一朵花的花蕊部分，沾到花粉后，将其沾到其他花的花蕊部分。连续3天重复此操作，如果失败，则用容器接住花粉，然后用软刷蘸取花粉沾到其他花上。

贴士：在不同天竺葵上授粉还可以培育出新品种。

采种

如果授粉成功，会长出尖尖的子房，慢慢成熟。种子完全成熟时，子房会裂开，露出带着纤毛的种子。天竺葵种子采收后，宜晾干后放在袋子里冷藏保存。

扦插的方法

剪枝

找有新芽的健壮枝，用剪刀剪下一根。

注意！摘下新出的叶子用来扦插，失败的可能性很高。一定要选用健壮的枝。

整理叶子

把下面的叶子全部去掉，只留最上面的2~4片。

插在土壤中

将新土（草本专用配比土）装在花盆里，浇足水。将剪下的枝插在土里，将花盆放置于阴凉处缓1~2天，然后再移至光照好、通风良好的地方。

管理

所有盆土完全干透时，一次性浇足水。等扦插枝扎根、长出新叶。健壮的枝上很快就会抽出花箭。

剪枝后

剪下多个枝丫用于扦插后的样子。有时为了得到漂亮的形态，也要修剪。

55天后

秃枝上已长出新叶。

栽培温度：15～25℃

最低温度：5℃

发芽温度：25℃

开花时间：一整年（除仲夏外）均可

土壤：排水性好的沙质土壤

浇水：叶子变薄时

花期超长，一年里常开着花的

伽蓝菜

吸收二氧化碳、释放氧气，净化空气能力超群的伽蓝菜！
有的花开得层层叠叠，有的花开一层，而且有黄、粉红、红、橘黄等各种颜色，
使伽蓝菜更魅力十足。冬季也常开花，每次开花时花期超长，可以一整年为阳台增光添彩。

浇水

耐旱，不耐湿。属多肉植物，所以不要经常浇水。

摸着盆土表层干燥时浇水。不过，土壤干燥但叶子坚挺时，也并非一定要浇水，等叶子稍软、起皱时浇水最好。

- 左叶：水分充足、叶片厚实的状态
- 右叶：水分不足、叶片变薄的状态

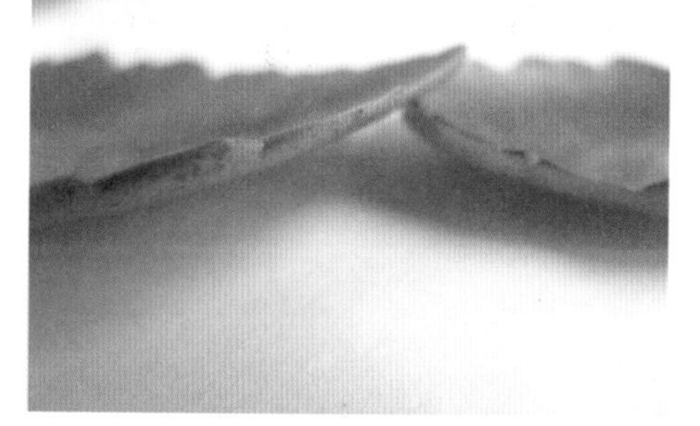

施肥

在春季和秋季生长期各施1次肥。最简便的方法是插入营养剂，或者将液肥用水稀释后施用。仲夏时节尽量不要施肥。

开花

伽蓝菜在白天时长降至12.5小时以下时，开始长出花芽。若在每天下午3～4点用黑色塑料袋罩上，到第二天早上太阳升起时揭开，连续一个月进行此操作，开花状态好。

扦插

挑选长有4～6片健壮叶子的枝子剪下，将最下面的叶子摘掉，插入盆土里即可。盆土采用干净的沙子或者蛭石。

夏季管理

夏季阳光直射不利于多肉植物健康生长，叶子可能会萎蔫或者染病，所以宜将花盆移至通风良好、半阴凉的地方。

冬季管理

制作迷你温室大棚将花盆放入其中，可在一定程度上阻挡寒气。伽蓝菜可承受的最低温度为5℃，可以摆放在阳台，也可摆放在更温暖的室内。但是，在阳光充足、温暖的日子里，一定要开窗通风、换气。

整理枯花

花朵枯萎时要尽快摘掉，以保证通风良好。如果不及时处理，会滋生蚜虫、槭树绵粉蚧等。

迷你伽蓝菜“皇家玫瑰”拼盆种植

1. 准备好皇家玫瑰苗。
2. 在水泥花盆中垫上垫网，放入沙石，制作排水层。
3. 从育苗袋中取出皇家玫瑰苗，放入水泥花盆中。
4. 花盆中填入一半土。
5. 放入另一棵皇家玫瑰苗，填满另一半土。
6. 在水泥花盆中插入名签，系上绳子，进行装饰。

播种时间：9月～次年1月

栽培温度：10～20℃

最低温度：0℃

发芽温度：15～25℃

发芽天数：14～20天

发芽特性：需光发芽

开花时间：12月～次年4月

土壤：排水性好的土壤

浇水：不宜过干

原产地：欧洲北部地区

GARDENING
11

出生在冬天的孩子

三色堇

三色堇是迷你版三色紫罗兰。种植方法与三色紫罗兰相同，
比三色紫罗兰更健壮、开花更多。花期长，耐寒、可越冬。
种植方法不难，推荐新手一试。另外，植株小，对花盆大小要求不高，
可种在漂亮的花盆里，小小的花朵非常可爱。
花的颜色丰富，将各种颜色种在一个花盆里，可让阳台更加绚丽多彩。
在花枯萎前收获，做成押花，也可在做杯子蛋糕时用作装饰花。

播种

花苗不耐热，宜在秋冬两季之间播种。

25～30℃的条件下不易发芽，所以要注意！发芽前，盆土应保持较高湿度，用盆浸法浇水较好。

播种后1个月后的样子

换盆

如果植株长到20厘米左右，可以移到大花盆里，花会开得更盛。

浇水

盆土干透后，一次性浇足水。

施肥

阳光是最好的肥料。如果阳光充足，也不用经常施肥，每个月施1次液肥即可。

开花

播种后3～4个月就会长出花蕾，即使在冬季，只要阳光充足，也很爱开花。花开之后能持续1周以上，且会陆续开出新的花朵。

收获

三色堇的花可食用，从花茎处折断或剪断均可。

病虫害管理

随着植株长大，叶子之间的缝隙变小，通风不畅，很容易滋生叶螨。平时注意通风换气，适当剪枝，避免枝叶过分茂盛。变黄、有小白点的叶子要及时摘掉，然后用喷壶喷洒杀虫剂。

冬季管理

最低可耐0℃的低温。在阳台农场种植不必进行特别的冬季管理。三色堇喜阳，所以要保持光照充足，注意通风。

Part 04

强烈推荐给园艺新手的4种植物

白毛掌

石笔虎尾兰

铁兰

缸毯藻

栽培温度：15～35℃
土壤：排水性好的沙质土壤
浇水：叶子变薄时

GARDENING
1

兔子耳朵仙人掌
白毛掌

像兔子一样，竖着长长“耳朵”的仙人掌。
白毛掌又名兔耳掌，适合养在小花盆中，加上小装饰，
摆放在窗边等光照好的地方，花虽不大，却独具魅力，成为自己的一方小花园。
如果白毛掌逐渐长大，花盆变小，可移栽至大花盆或者将新生的枝摘下另种一盆。
将新长出的仙人掌种到漂亮的花盆里，只要注意浇水管理，很容易成活。

种植白毛掌盆栽

1

白毛掌根须过长时，需要用剪刀剪掉一些。

2

在花盆中填入一半沙土或者多肉植物专用土。

贴士：向迷你花盆中填土时，最好使用冰激凌勺或布丁勺。

3

在土中间挖坑，将仙人掌放好，然后再加土填平。

4

在土上面摆放迷你小饰品，装饰一下花盆。

5

将花盆摆放在通风良好、光照充足的地方。

6

如果光照好，会不断长出小仙人掌。新长出的仙人掌长到一定程度后，可用手摘下种到新的花盆里。

叶插

1

如果想让白毛掌继续保持兔子模样，可将新长出的仙人掌摘下来种到另一个花盆中。

2

用手轻轻抓住新长出的仙人掌，轻轻旋转即可扭掉。

3

插在多肉植物专用土中，每次浇少量水，保持仙人掌不过分干燥。3～4周后，就会长出新根，也会长出新的仙人掌。

浇水

多肉植物缺水时，叶子会萎蔫或者变薄。浇水量随花盆大小、植物大小不同而不同，但在给迷你花盆浇水时最好使用小药瓶，以防止浇出坑。当仙人掌还处于幼苗期时，偶尔浇水就好（在温暖的下午浇晒过的温水）。

冬季管理

冬季温度要维持在10～18℃。如果阳台变冷，将花盆移至光照好的客厅或者房间内的窗台。天气好的日子，打开窗户通风、换气。

栽培温度：18～27℃
最低温度：10℃
土壤：排水性、保水性好的土壤
浇水：偶尔
原产地：非洲东部热带地区

GARDENING

2

我家的空气我负责，拥有超强空气净化能力的

石笔虎尾兰

强烈向园艺新手推荐这种任何人都能轻松种植的植物。
可以摆放在办公室、客厅、卧室等处，具有除异味、防辐射、
净化空气的能力。将石笔虎尾兰种在水泥花盆中，
用最近流行的石子和玩偶装饰花盆。夜间会释放很多负离子，所以摆放在卧室里也很好。

种植石笔虎尾兰

1

挑选好的种苗

茎叶厚实，没有伤口，叶子尖未干枯、不软烂为佳。翻过来，检查根是否全部扎到花盆底部。

2

从育苗盆中取出，可以直接栽种到大花盆，也可以按照自己想要的形态分开再栽种。

3

为种成一排，将石笔虎尾兰从土球中分离出来。

4

盆土使用含有大量椰糠土的轻质床土。往花盆里填土，填至花盆的1/2。

5

将石笔虎尾兰一字排开种进花盆里。

6

填土时，在花盆最上方留出3厘米空间，不要全部填满。

7

用小饰品装饰花盆。

8

摆放在光照充足、通风良好的地方，石笔虎尾兰会越长越高，还会从土里长出新芽。

9

新长的小芽可以分出来，栽种到其他花盆里。

浇水

耐旱植物，忘记浇水也不会轻易死掉。在5～9月的生长期，花盆中的土完全干透时浇水。一般每月浇1次水。如果浇水过多，会烂根，茎叶会变软；如果过分缺水，茎叶会干枯。冬季尽量不浇水。冬季，若处于20℃以上温暖、干燥环境中，应偶尔浇水。

管理

虽然摆放在半阴处或者室内也不容易死掉，但是，摆放在光照充足、通风良好的地方会长得更健壮。春季至秋季，摆放在窗边较好。换盆后，先在背阴处放一周左右缓一缓，然后逐渐移至光照好的地方。在生长旺盛的晚春，最好每月施1次液肥。在寒冷的冬季，不宜换盆，也不宜施肥，温度要保持在10℃以上。

病虫害管理

温度下降太多，天气变冷时，茎开始受冻。如果缺水，叶子边缘部分会变干；如果浇水过多或者通风不良，茎的颜色会变黄，发生软腐病。病虫害严重的枝茎要尽量清除掉。

栽培温度：20～32℃

最低温度：10℃

浇水：保持高空气湿度

栽培场所：通风良好、明亮无直射光处

原产地：墨西哥等

GARDENING

3

无土也能生长的空气凤梨

铁兰

铁兰是凤梨科铁兰属的寄生植物。
生长不需要土壤，因为生长在空气中，所以称为空气凤梨。
铁兰以空气中的微尘为食，养在室内，有净化空气的作用。
铁兰有助于减少装修污染，容易管理，也不挑生长环境，所以可装饰于各种场所，
展现其最大魅力。可将铁兰用钓鱼线吊在空中，也可用铁丝做成圈，将铁兰固定于其中。
将铁兰养在装有沙子、贝壳的漂亮玻璃瓶中，还能享受到装饰的乐趣。

一 装饰铁兰

材料

单株铁兰、四角瓶子、白色多功能笔、柠檬色沙子。

选择新鲜的铁兰

从整体来看，叶子颜色越靠近中心越绿，外侧则呈银色。叶子坚挺，枝繁叶茂的为佳。

1

玻璃瓶内装满沙子。

2

用多功能笔在玻璃瓶身上画出格子，在小格子中间画点，以形成凤梨的形态。

在玻璃瓶口处放上铁兰。

活泼可爱的铁兰盆栽就完成了。

偶尔用喷壶给铁兰喷点水。

放入漂亮的玻璃容器中，也是很漂亮的装饰。

养好铁兰的方法

虽然铁兰的生命力强，可以养在任何地方，但在适合自己的环境中会长得更好。

- 光照：直射光线对铁兰有害。最好放置在光照好的室内。光照1～2小时即可。在室外，放在树下、露台等背阴的地方有利于生长。
- 土壤：不要种植在土里，如果种植在土里，反而会烂根。
- 病虫害：未发现特别的病虫害，注意不要过湿即可。

给铁兰浇水的方法

没必要浇水太勤，湿度高的梅雨季节不用浇水。用喷壶喷水时，把里侧的叶也完全浇湿即可。

在干燥的季节，1～2周浇1次水；潮湿季节和冬季每月浇1次水。如果忘记用喷壶喷水，可以将花盆完全浸在水中3～4小时后拿出。

冬季浇水时使用15℃左右的温水。长时间忘记浇水，叶子会变干，银色也会减少，绿色会变成黑色。

因为缺水而干枯的铁兰

繁殖

随着铁兰生长，底部会长出小铁兰。新生的小铁兰可以一直留着，也可以摘下，当成新的、独立的铁兰养在其他地方。

开花

如果将环境打造成类似于铁兰原产地的环境，铁绿色的铁兰就会逐渐变成粉红色甚至亮粉色，开紫色花朵。

栽培温度：9～24℃
光照：半阳地，室内光
原产地：日本北海道阿寒湖地区、欧洲北部地区

我的专属小鱼缸，宠物植物

缸毬藻

作为用来打造个人专属水族馆而养殖的宠物植物，缸毬藻很流行。
缸毬藻是一种球形淡水绿藻，被日本指定为天然纪念物。
在日本北海道阿寒湖采集缸毬藻是非法的，市面上卖的缸毬藻都是养殖的。
基本不用投放食物，仅靠室内光线即可正常生长，养殖方法简单，谁都可以信手拈来，
即使是小孩子也能通过养缸毬藻获得乐趣。
在玻璃瓶中放入沙子、贝壳、小装饰品等，漂亮的装饰更能增添乐趣。

装饰缸毬藻迷你鱼缸

材料
沙子、贝壳、小鱼装饰物、黑珊瑚、玻璃瓶、白色石头、缸毬藻。

1 在玻璃瓶中倒入少量沙子。

2 在沙子上放白色石头、贝壳、黑珊瑚。

3

慢慢倒入干净的自来水。

4

放入缸毬藻。

5

放入小鱼装饰物（使用镊子会更加方便）。

6

盖好盖子，以防止灰尘或者害虫进入。

7

缸毬藻迷你鱼缸就完成了！

- 水的管理：pH值7左右的软水最佳，自来水也可以。缸毯藻喜欢干净的凉水，所以应每周换1次水。

- 打理：换水时，清洗缸毬藻。将缸毬藻从瓶中捞出，轻挤水分，轻柔地在手掌上边滚动边用流水冲洗。

- 光照：因为是生长于水底的植物，所以不需要太多光线，室内光线就很充分。过强的光线会提高水温，不利于缸毬藻生长。

缸毬藻心情变好，会漂浮在水上

缸毬藻一般都会一直沉在水底。但是，光照充足时，氧气进入体内，就会产生泡沫，同时也会因为变轻而浮在水面。条件变化后，浮在水面的缸毬藻会重新沉入水底。

Part 05

每天可以享用的阳台农场饮食生活

魔女汤　佛蒙特咖喱　意式煎蛋卷　罗勒酱
罗勒酱意面　芝麻菜比萨　芝麻菜米饭三明治
橄榄油浸圣女果　圣女果开口馅饼　夏巴塔三明治
凉荞麦面　灯笼椒沙拉　灯笼椒越南春卷　鹰嘴豆生菜沙拉
生菜蛋黄酱盖饭　蓝莓迷你蛋糕　无酒精西柚莫吉托

COOKING

1

每日健康排毒

魔女汤

采用富含花色素苷的紫色蔬菜制成的排毒汤。
颜色魅力十足，加入李子，味道酸甜，是男女老少皆宜的一款汤。
另外，还可以加入西蓝花等其他蔬菜或者喜欢的水果，
每天早餐时喝一杯，对调整血压及减肥很有帮助。

原料（2～3人份）

紫色胡萝卜…3个

紫色洋葱…1/8个

紫色圣女果…10个

李子…3个（也可用橙子或者苹果代替）

做法

1 将蔬菜放入开水中稍微焯一下。

2 将水果和焯过水的蔬菜放入料理机中打碎。如果不好打碎，可加一点焯蔬菜的水。

3 将汤盛入碗中，撒上坚果。

COOKING

2

蔬菜满满的

佛蒙特咖喱

加入苹果，平添一分香甜；再加入阳台农场里种的富含维生素的胡萝卜等，就得到美味又健康的咖喱。

原料（2人份）

洋葱…1/2个
小土豆…7～8个
红扁豆…1把
咖喱…1块
苹果…1/4个
迷你胡萝卜…4个
水…约350毫升
黄油…适量

做法

1 将红扁豆放入水中，煮10分钟左右。

2 将切好的蔬果用黄油翻炒一下，然后加入红扁豆汤中，煮10分钟左右。

3 放入块状咖喱后，再煮10分钟。

COOKING

3

异国风味的

意式煎蛋卷

真的是很容易制作的鸡蛋料理。
将阳台农场的各色蔬菜都摘一些，加入蔬菜后维生素含量也增加了，
口感和味道双倍升级。

原料（2人份）

黄色胡萝卜…3个　西蓝花…1/3个
黑色橄榄…7～8个　番茄…1/2个
午餐肉…1/4盒　鸡蛋…3个
生奶油…90毫升　帕尔玛奶酪粉…30克
盐、胡椒、香芹叶…适量

做法

1

充分搅匀蛋液，加入生奶油、奶酪粉，用盐、胡椒、香芹叶来调味。

2

将切好的蔬菜、午餐肉和蛋液倒入微波炉专用容器中，再撒一点奶酪粉（额外）。

3

放在事先预热至200℃的烤箱中，烤20～25分钟。

让意式煎蛋卷更美味的方法

蔬菜一般选用洋葱、菠菜、蘑菇等，事先炒一下，会多一层甜味，更加美味。

COOKING

4

罗勒酱

抹在面包上或者用作意面酱。
能感受到罗勒的香味，因为加入了奶酪和核桃，所以很香。
特别是在阳台农场中种的罗勒，娇嫩又香气十足，做成罗勒酱更是美味。

原料

罗勒叶…40克
大蒜…2瓣
柠檬…1/2个
橄榄油…30毫升
核桃仁…5个
帕尔玛奶酪粉…15克

做法

1 罗勒叶摘下来后，用流水洗净，控干水后，放入料理机。

2 加入核桃仁、大蒜、帕尔玛奶酪粉、橄榄油，挤入柠檬汁。

3 用料理机打碎，装在密闭容器中，发酵2天左右。

COOKING

5

罗勒酱意面

只要有罗勒酱就能完成的超简单意面料理。
没有特殊的材料，只要有罗勒酱，就足以让人品尝到风味浓郁、味道清淡的意面了。

原料（1人份）

意大利面…70克
大蒜…3瓣（切片）
橄榄油…5毫升
罗勒酱…10克
培根…3片
荷兰芹叶…少许
黑橄榄…少许

做法

将意大利面放入沸水中，煮11分钟，过筛控干水分，加入少许橄榄油。

用小火加热平底锅，放入橄榄油，煎蒜片和切好的培根，然后放入面条和罗勒酱，轻轻翻炒均匀。

在家也能吃出咖啡店范儿的

芝麻菜比萨

咖啡店的人气菜品芝麻菜比萨。加入在家中亲自种植的芝麻菜，
更加香醇的味道油然而生。尽情体验一下每天都吃不腻的芝麻菜的魅力吧。
芝麻菜除了可以用于比萨外，还可以用于沙拉等。

原料（1个比萨的量）

面团　高筋面粉…250克　盐…6克　橄榄油…8毫升
酵母…4克　水…130毫升

配料　芝麻菜叶 1把　蓝纹奶酪…少许
马苏里拉奶酪…100克　帕尔玛奶酪…20克
番茄酱…15克　西班牙辣味肠（半干香肠）…6根
意大利黑醋…少许

做法

1 将制作面团的材料放入面包机中，和面15分钟，发酵50分钟。

2 用擀面杖将面团擀成圆形面饼，然后用叉子戳孔。

3 在擀好的面饼上涂抹番茄酱，铺西班牙辣味肠，撒上奶酪。

4 先将烤箱预热至200℃，再将饼放入烤箱中烤制10～15分钟。

5 在比萨上放上芝麻菜，淋上意大利黑醋。

纯手工制作面团

用手将面团揉至光滑后放在温暖（28℃左右）的地方发酵。环境温度太低时，可将装面团的容器用保鲜膜包好，与盛有沸水的锅一起放到泡沫箱里，发酵效果很好。面团体积增至原来的两倍大时，发酵就完成了。

COOKING

7

内容丰富的

芝麻菜米饭三明治

最近大受欢迎的米饭三明治！
因为是不团成团儿的饭团，所以被称为米饭三明治。
制作方法与三明治相似。
加入很多种食材，即使只吃一个也能吃得很香很饱。

原料（1个的量）

炸猪排…1片
芝麻菜叶…1小把
煎鸡蛋…1个
紫甘蓝…1/8个（切丝）
牛油果…1/2个（切片）
胡萝卜…1/2个（切丝）
包饭用紫菜…2张
米饭…1碗（用少许盐、芝麻、香油调味）

做法

1 盘子上铺保鲜膜，大小要比紫菜大，然后铺上紫菜。

2 将米饭平铺在紫菜上，再依次放上炸猪排、煎鸡蛋、牛油果、紫甘蓝、胡萝卜、芝麻菜叶、米饭。

3 最上面再铺一张紫菜，然后像包包袱一样折叠紫菜，再把保鲜膜紧紧包起来。

4 用刀从中间切成两半，剥去保鲜膜后食用。

贴士：最下层的米饭尽可能铺得薄一些，用力按压里边的材料，缩减体积后，用紫菜包裹，这样做出的形状才会漂亮。

圣女果料理1 风味独特的

橄榄油浸圣女果

仲夏时节，菜园里结的一串串宝石般的圣女果。
直接吃就很好吃，晒干后甜味更足，弹牙的口感堪称一流。
将晒干的圣女果浸泡在橄榄油中，可以像酱汁或调味汁一样用于料理。

原料（500毫升）
圣女果…40个
橄榄油…400毫升
大蒜…5～6瓣
鲜罗勒叶…5～7片

做法

1 把圣女果切成片后放入烘干机里烘干。烘干机温度设为60℃，时间设为12小时。

2 将烘干的圣女果与大蒜一同放入瓶里，倒入橄榄油。

3 加入罗勒叶，盖上盖子，置于阴凉处，7天后即可食用。

贴士：如果没有烘干机，也可以在烤箱中烘干。烤箱温度设置为90℃，烘烤3～4小时。随时观察，避免烤焦。

享用橄榄油浸番茄干

1. 加入蒜香橄榄油意大利面中。
2. 用搅拌机搅碎，像果酱一样抹在面包上。
3. 拌沙拉。

COOKING

9

五彩斑斓给人以视觉享受的

圣女果开口馅饼

圣女果变身无罪！这一道菜会让你感受到自己置身于某个法国家庭的气氛。

原料（1个直径20厘米圆形平底锅的量）

馅料	圣女果（切成两瓣）…25个	洋葱…1个
	香肠…2个	芝麻菜叶、罗勒叶…适量
奶油	鸡蛋…2个	鲜奶油…150毫升
	帕玛森奶酪…50克	盐、胡椒…适量
面饼	高筋粉…100克	中筋粉…50克
	蛋黄…1个	黄油…75克
	水 …40毫升	盐、胡椒…适量

做法

1

在面粉中加入切碎的黄油，用手揉至软硬适中后，加入其他原料继续揉成面团，用保鲜膜包好，放入冰箱冷藏醒发1小时后取出，用擀面杖擀开，放入模具中，用叉子扎出孔。

2

事先将洋葱切片炒好，铺在面坯上。加入奶油，铺上香肠、罗勒叶、芝麻菜叶、圣女果等。

3

将烤箱预热至200℃，将馅饼放入烤箱里烤20～30分钟。

确认是否完全烤熟的方法

用牙签等尖锐物品扎一下，如果无蛋液流出即为烤熟。如果还没烤熟，则再放入烤箱内烤几分钟。

适合春游携带的

夏巴塔三明治

在香甜、筋道的夏巴塔面包中加入从阳台农场中采摘的新鲜蔬菜嫩叶制作而成的三明治。可以插上可爱的蛋糕插件，若再加点清爽的水果，完美的早午餐就完成了。

原料（2人份）

夏巴塔面包…2个
芥末沙司…10克
洋葱（切片）…4片
蔬菜嫩叶…适量
火腿片…4片
高达干酪…4片

调味汁

意大利香醋…5毫升
橄榄油…5毫升

做法

1

将意大利香醋与橄榄油以1：1的比例混合成调味汁，浇在蔬菜嫩叶上。

2

将夏巴塔面包从中间切成两半，抹芥末沙司，依次加入火腿片、洋葱片、高达干酪。

3

在最上面加入蔬菜嫩叶，轻轻按压面包。

COOKING

11

撒满脆爽菜苗的

凉荞麦面

凉荞麦面是一种日式凉面，是炎热仲夏的美味一绝！
在多少有些清淡的凉荞麦面中加入肥牛和脆爽的蔬菜嫩叶，会完全唤醒你的味蕾。
制作过程简单，菜鸟也可以信手拈来的健康一餐！

原料（2人份）

蔬菜嫩叶…80克
荞麦面条…200克
肥牛…120克
香油、芝麻…适量

调味汁

日式凉面调味汁…15毫升　　水…200毫升

做法

1 将荞麦面放入沸水锅中煮熟，捞出后过冰水，控干水。

2 将肥牛略烤一下，加入适量芝麻和香油。

3 将面装入盘中，依次加入蔬菜嫩叶、肥牛，再倒入调味汁和水。

贴士：日式凉面调味汁在大型超市或网店均能买到。

COOKING

12

爽口的减肥餐

灯笼椒沙拉

灯笼椒不用烹饪，适合生吃，生吃可以保留脆爽的口感。
阳台农场里现摘的爽口灯笼椒，再加上其他叶类蔬菜，
一盘既健康又美味的灯笼椒沙拉就完成了。

原料（1人份）

生菜…5片
红根达菜…5片
灯笼椒…1个
黑橄榄…3～4个
帕玛森奶酪粉…适量
煮鸡蛋…1个
香油、芝麻…适量

调味汁

意大利香醋…5毫升
柚子酱…5克

做法

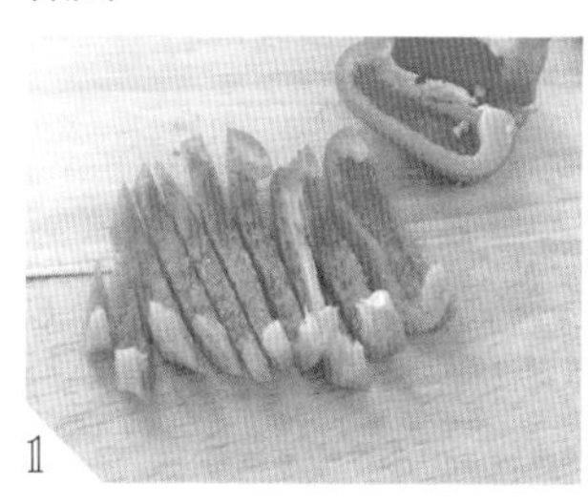

1

将蔬菜和黑橄榄切成方便食用的大小 。

2

将蔬菜装入容器，加入香油、芝麻，适当搅拌。将煮鸡蛋4等分后放入容器中。

3

放黑橄榄片和帕玛森奶酪粉。倒入意大利香醋和柚子酱调味。

COOKING

13

口感脆爽的

灯笼椒越南春卷

色彩丰富的越南春卷，与味蕾相比，更能取悦人的眼睛。
馅料以蔬菜为主，维生素含量丰富，
热量却很低，是理想的减肥餐。

原料（2人份）

煮好的虾仁…100克　　越南春卷皮…10片
越南春卷调味汁…适量　蟹肉棒…1根
紫洋葱…1/4个
各色灯笼椒…各1/2个
青椒…1/2个

做法

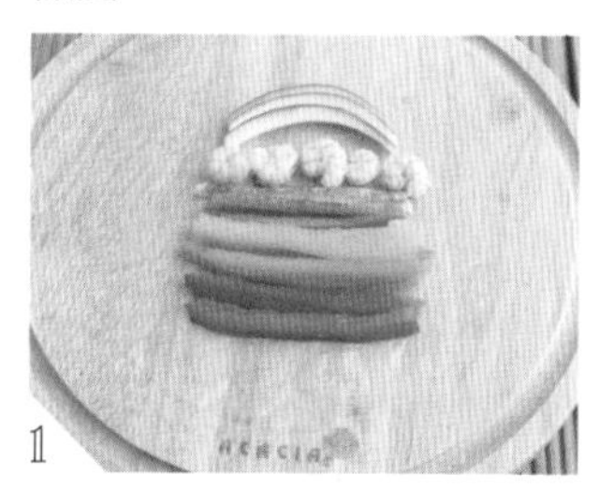

1

将各种蔬菜切成丝。

2

将越南春卷皮用温水泡一下，马上拿出。

3

将越南春卷皮放在盘子上，放上灯笼椒丝和其他食材。用越南春卷皮将材料包好、卷起，蘸点调味汁即可食用。

COOKING

14

烤肉绝配蔬菜的完美变身

鹰嘴豆生菜沙拉

阳台农场里每天都可以采摘一点的生菜。
除了配烤肉，还能做点什么其他的呢？
不妨来体验一下与蛋白质丰富的鹰嘴豆相搭配的清爽吧。

原料（2人份）

鹰嘴豆…100克
生菜…8～10片
圣女果…5～7个

调味汁

橄榄油…10毫升
蜂蜜…5毫升
柠檬汁…5毫升
胡椒、盐…适量

做法

1

将鹰嘴豆用水浸泡半天，放入开水锅中煮20分钟，捞出，用凉水冲洗，最后控干水分。

2

将生菜和圣女果切成方便食用的大小，与鹰嘴豆一起放入碗中。

3

将各种调料混合成调味汁，加在碗中，充分拌匀。

准备一盘丰盛早午餐的方法

将烤香肠、煮鸡蛋与沙拉一起放入盘中，美味又营养，外观也漂亮，一盘丰盛的早午餐就完成了。

COOKING

15

简单又美味的

生菜蛋黄酱盖饭

家里没什么食材，又有点饿的时候，我常做这款美食。
对于既不太想做复杂的饭菜，又想吃美味的“一人食族”，强烈推荐生菜蛋黄酱盖饭！
只要在花盆里种上生菜，就能不断地采摘生菜叶，用来做盖饭、拌饭、沙拉等简单料理。

原料（1人份）

鸡蛋…1个
罗马生菜…4～5片
金枪鱼罐头…15克
白米饭…1碗
照烧汁…适量
蛋黄酱…适量

做法

1 准备软硬适中的白米饭，装入碗中。

2 将罗马生菜剁碎后铺在米饭上面，将鸡蛋炒熟后加入，加入金枪鱼。

3 加入少量照烧汁和蛋黄酱。

COOKING

16

太可爱，不忍吃掉的

蓝莓迷你蛋糕

用阳台农场中自己种植的爽口蓝莓装饰的迷你蛋糕。
用市售的鸡蛋蛋糕代替制作复杂又困难的蛋糕坯，
试着在家简单地做出和甜品店中一样精致的蛋糕。

原料（2人份）

鸡蛋蛋糕…1个
鲜奶油…200毫升
马斯卡彭奶酪…250克
生蓝莓…20～30个
蓝莓酱…适量
装饰用薄荷叶…适量

做法

1

用手持搅拌器打发鲜奶油，直至奶油产生柔和的尖角，在室温下放置30分钟以上。将打发好的鲜奶油、马斯卡彭奶酪与蓝莓酱混合，装入有裱花嘴的裱花袋中。

2

将鸡蛋蛋糕切成圆形薄片。

3

将奶油均匀挤到圆形鸡蛋蛋糕片上，再放上蓝莓。

4

盖上一片鸡蛋蛋糕片，在上面挤上一层一层的奶油，放上蓝莓，最后放上几片薄荷叶。

COOKING

17

果汁丰富的

无酒精西柚莫吉托

托每天都疯长的苹果薄荷的福，
因为可以每天自己做喜欢的莫吉托，每天都很愉快。
莫吉托一般是加酸橙汁，但是这次的配方我还放了西柚汁。
西柚特有的微苦、苹果薄荷的清凉香味，成就了一杯清淡的莫吉托。

做法（2人份）

西柚汁…200毫升　　酸橙汁…30毫升
糖浆…适量　　苹果薄荷叶…2～3枝
酸橙块…3块　　冰块…12～14块

做法

1 在玻璃杯中放入冰块、酸橙块。

2 西柚汁加酸橙汁和糖浆后，倒入玻璃杯。

3 加入2～3枝苹果薄荷叶，用勺子轻轻搅匀。

贴士：如果想感受有酒精的鸡尾酒，可加30～40毫升的朗姆酒。

Part 06

…

整个四季

阳台农场氛围浓

DECORATION

1

春，能观赏更久的

花毛茛插花

早春，虽然天气还有些凉，但是阳光充沛，阳台农场里种植的花毛茛好像是在炫耀谁更美，
高傲地开满花盆，给人的眼睛和心灵带来一场盛宴。
无数层的花瓣华丽绽放，如果觉得只在阳台上欣赏有点可惜，
那可以将花毛茛插在迷你花瓶中，摆放在室内，用心感受早早到访的春天。
小小束花即可让家中充满生机，这种魔法一样的效果值得期待！

一 花毛茛插花制作方法

1

用消过毒的园艺剪剪下一根枝。斜着剪枝，方便以后水分向上传输。

2

把浸入水中部分的叶子摘下（叶子浸泡在水中易腐烂，污染水质，花很快就会凋谢）。

3

在迷你花瓶中放入1/3左右的常温水。

4

将花毛茛斜着插入花瓶中。每天换水，如果能再加一滴漂白水，可达到抑菌的效果。

早春，只要将浓烈的红色花毛茛摆放在桌子上，就能让平凡的日常变得特别，让因寒冷而冻僵的身心变暖。

DECORATION

2

春. 充满少女感性的

三色堇押花手机壳

一只爱花的蝴蝶悄然飞来，不愿离去，与三色堇浑然成为一体。
小时候，家前面花坛里盛开的三色堇花小巧又漂亮。想背着妈妈偷偷摘一把给好朋友，
却被妈妈发现。现在回想起来还是会笑。
如果想守护这份少女般的情感，可以做个三色堇押花来装饰手机壳。

押花手机壳制作方法

准备物品

几朵三色堇花朵、纸巾2张、厚书若干本、透明手机壳1个、树脂（主剂、硬化剂）适量、
押花专用镊子1个、毛笔1支、少量亮粉。

1

采摘盛开的三色堇花朵。

2

在一本厚书的中间位置翻开，放一张纸巾，将三色堇放在纸巾上。

在花上面再加一张纸巾，合上书。在书的上面再压几本厚书，压3天左右。

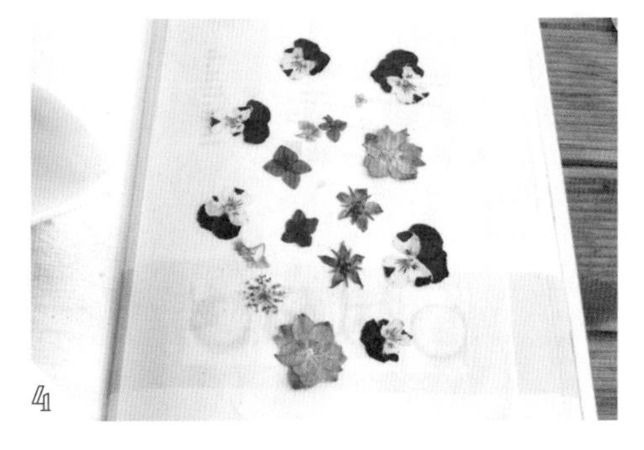

3天后花的水分消失，如果花被压得很规整，则押花完成。

5

预先构想好，在干净的纸上放上花，在夹花时应使用专业镊子，这样操作起来更有效率。

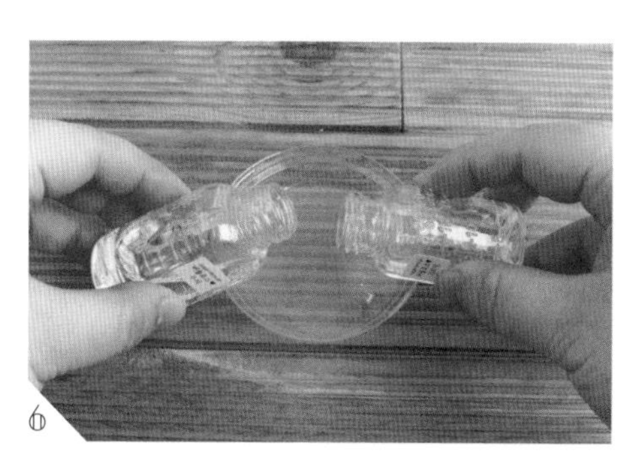

6

在空容器中按2毫升主剂配1毫升硬化剂的比例将二者混合均匀。

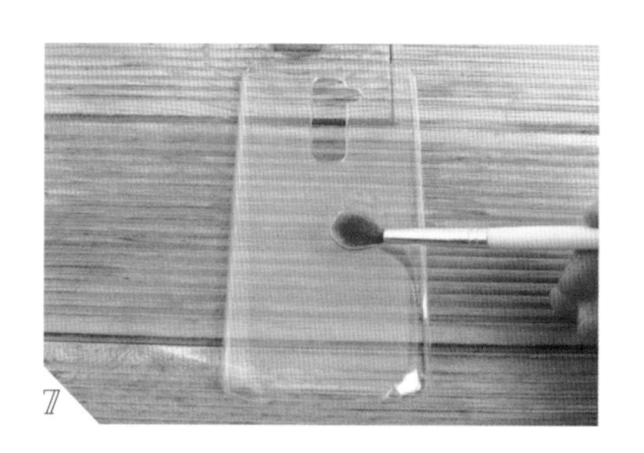

7

用毛笔给透明手机壳整体抹一遍树脂。

8

用镊子夹着押花，一个个小心粘好。

9

全部完成后，在花上面再抹一遍树脂。

10

晾24小时，等树脂凝固。

适合做押花的花

三色堇、香豌豆、水菊、满天星、甘菊、飞燕草、半边莲、雏菊、法拉西菊（木茼蒿）、依米花、马鞭草、绣线菊等。

DECORATION
3

夏，留住热带雨林的芬芳

制作保鲜植物画

闷热的夏季，让我们来换一下装饰。
用保留了新鲜草绿色的保鲜植物画来装饰桌子吧！
看着就仿佛置身热带雨林一般，凉爽、清新！
不用购买昂贵的保鲜植物，用简单的方法直接制作。
用保鲜液处理1次的保鲜植物叶子能在1～2年内一直保持绿色，不褪色。

制作透明植物画

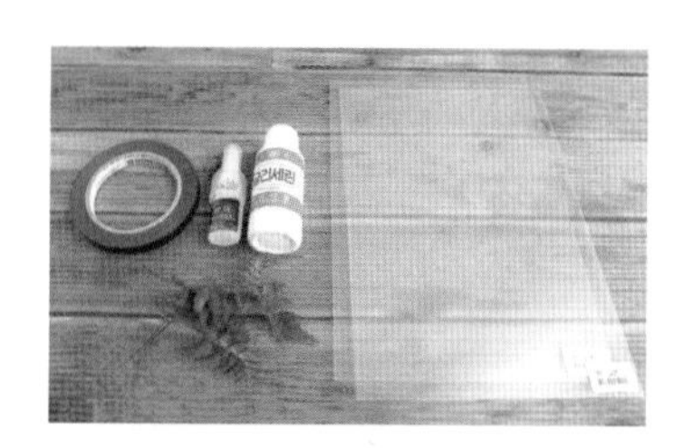

准备物品

植物叶子适量、甘油适量、压克力板2张、粘贴剂适量、黑色胶带适量、宽大一点的容器1个、毛巾1条。

1

用剪刀剪几片花盆中所种植物的叶子（图中为蕨菜的叶子）。

2

在比植物叶子大的容器中以2：1的比例放入温水和甘油并搅拌均匀，容器中溶液高度为约3厘米。

将叶子压平后放入溶液中浸泡，将重容器等压在上面，避免叶子浮在液面上。

3天后将叶子从溶液中捞出，用厨房毛巾吸掉水分。

在叶子背面各处涂少许胶水后，粘在透明压克力板上。

将另外一张压克力板盖在上面，用黑色胶带给压克力板包边。

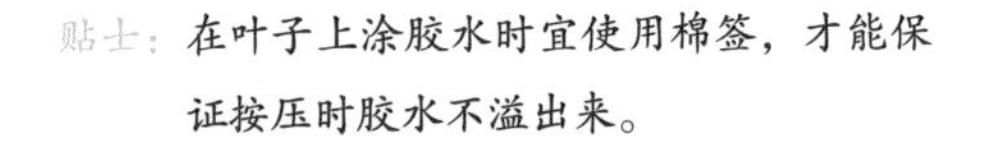
贴士：在叶子上涂胶水时宜使用棉签，才能保证按压时胶水不溢出来。

完成后的样子。

DECORATION 4

夏. 若想感受清香，那么来试试

水培苹果薄荷

水培生根后，移至土中栽种，也可以多增加几盆，
这是让家里各个角落都可以分享到美化效果的一举多得的方法！
水培薄荷，就是剪下你喜欢的枝，插进漂亮的玻璃瓶中。

水培薄荷方法

1
剪下一根强壮的枝（剪刀先用酒精消毒）。

2
浸入水中部分的叶子要摘掉。否则叶子腐烂后，水也会被污染。

3
在玻璃瓶中倒入水，插入薄荷枝。将玻璃瓶摆放在光照好的地方，每日换水。

DECORATION
5

秋，长久珍藏

制作干花

最简便的方法是，将千日红花枝成束捆好后倒挂在干燥、通风的地方。将花枝一根根贴在墙上，在花干燥期间，还能起到美化环境的效果。

一 使用自然干燥法制作千日红干花

准备物品

千日红数枝、设计用胶带适量、园艺剪1把。

1

将千日红枝上多余的叶子摘掉。

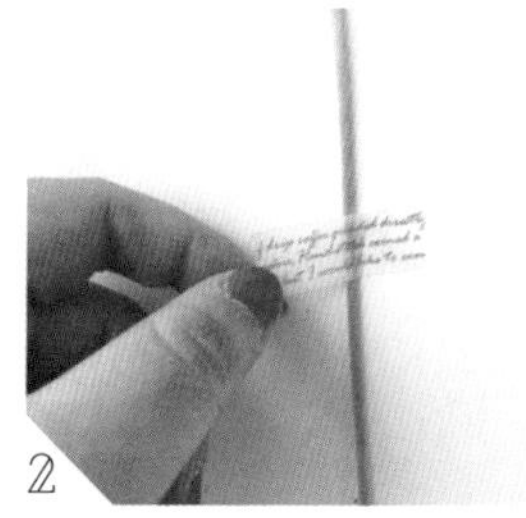

2

用一小段设计用胶带将千日红枝贴在墙上。

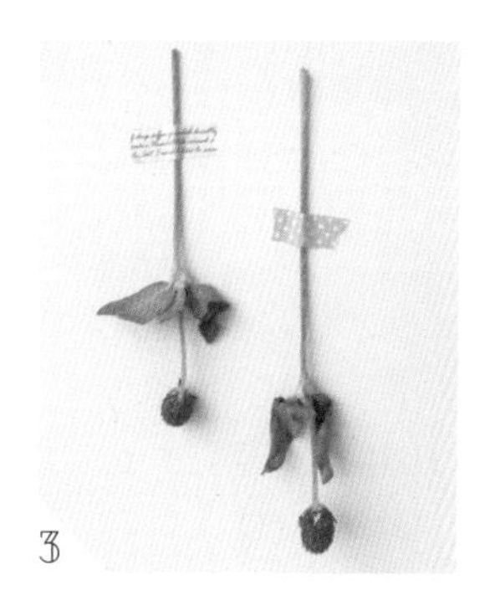

3

将多枝千日红贴在不同位置，晾2周。

贴士：也可以贴其他花，这样会更美。

采用人工干燥法，干燥蓝桉枝

准备物品

蓝桉枝数枝、水适量、甘油适量、玻璃容器1个。

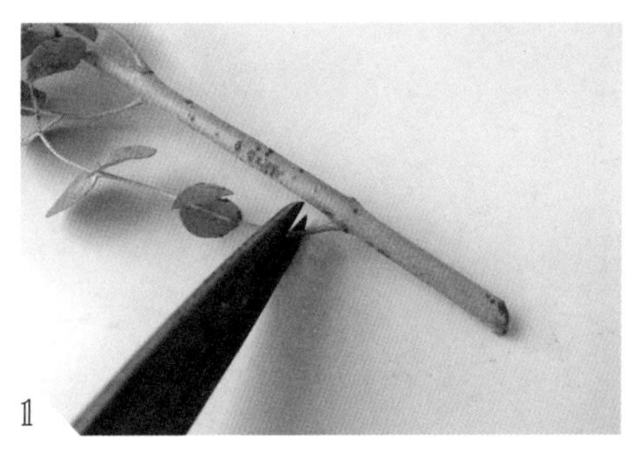

将浸入水中部分的细小枝子剪掉，剪枝时注意斜着向上剪。

在容器中按1：1的比例加入常温水和甘油，充分搅拌均匀。

将蓝桉枝插入瓶中。

摆放在通风良好的阴凉处2~3周。

DECORATION

6

秋. 制作用干花装饰的

大豆蜡烛

花朵漂浮在蜡烛熔化后滴落的蜡油上面，
房间内充满的香味，会让人产生置身于花海中的错觉。
将阳台农场里亲手种植的有机花做成干花，用来装饰蜡烛，外观漂亮，可以长久欣赏。
睡前点1～2小时大豆蜡烛，特别有助于睡眠，一整天都能受益。

一 制作大豆蜡烛

准备物品

蜡烛容器1个、大豆蜡160克、灯芯1根、灯芯托1个、灯芯贴1个、精油10毫升。

工具

温度计、加厚纸杯（外带纸杯）、木质筷子、镊子、灯芯剪各1个。

干花

千日红、蓝雾、金球菊、蓝桉各适量。

1

将木质灯芯插在灯芯托上，在灯芯托底部贴上灯芯贴。若没有灯芯贴，可用胶枪粘贴。如果不固定灯芯，在倒大豆蜡时灯芯位置会移动。

2

将木质灯芯贴粘在蜡烛容器底部的正中间。

在加厚纸杯中加入大豆蜡烛，用微波炉加热至蜡烛熔化。以40～50秒为间隔，分2～3次进行。如果一次加热完成，纸杯可能会烧焦。如果有不锈钢烧杯和电磁灶，也可用来熔化蜡烛。

用木质筷子搅拌，当蜡烛液温度降至60℃时加入精油。精油的量控制在蜡烛液量的5%～7%为宜。如果精油加入过多，以后燃烧时香味会过重。

用木质筷子搅拌，使大豆蜡与精油充分混合，以免蜡烛凹陷或者有孔洞，导致凹凸不平、不光滑现象。

用温度计监测蜡烛液温度降至50℃（50℃是倒入容器的最佳温度）。

7

将蜡烛液倒入蜡烛容器中，倒入时要始终在一个位置倒；不要停，要一直慢慢倒入。

8

在蜡烛凝固期间，不要移动蜡烛容器，并且要维持环境温度，保证不产生极度的温度变化。蜡烛凝固所需的时间随室温和容器容量而不同。200毫升玻璃容器，20～30分钟即可凝固。

9

干花需要在蜡烛完全凝固前，蜡烛边缘开始变得不透明时加入。如果在完全没有凝固时放上干花，会因为重量的原因而下沉，就得不到想要的样子。

10

不移动容器，等待蜡烛完全凝固、变白（需要1～2小时）。

剪灯芯

蜡烛完全凝固后，灯芯只留下3～5毫米，其余剪掉。使用灯芯专用剪刀会剪得更整洁。灯芯留得过长或者过短，以后点蜡烛时会出现火苗过高或者容易熄灭的问题。

DECORATION

7

冬，虽小却散发浓浓年末氛围的

大果柏圣诞树

每年圣诞节来临，有些人就会有“今年要不要买圣诞树”的苦恼。
其实，也可以利用家里种植的植物进行简单装饰，享受简单的快乐。
特别适合代替圣诞树的是大果柏树，将小型大果柏移栽到花盆中，挂上1～2种装饰，
只要点亮灯线，立刻可以找到圣诞树的感觉。
可以将花盆摆放在光线好的客厅或者房间窗边等处，装饰物也变一变，
就可以充分享受圣诞节的氛围了。

制作大果柏圣诞树

1

将大果柏移栽到红色花盆里。

2

用红色带子做成蝴蝶结。

3

用钓鱼线将蝴蝶结挂起。

4

将圣诞树灯带缠在大果柏上。

图书在版编目（CIP）数据

轻松打造阳台农场 / 韩国亚米花园著；程玉敏译. —北京：中国轻工业出版社，2023.1

ISBN 978-7-5184-4143-3

Ⅰ.①轻… Ⅱ.①韩… ②程… Ⅲ.①阳台—蔬菜园艺 Ⅳ.①S63

中国版本图书馆CIP数据核字（2022）第175776号

版权声明：
참 쉬운 베란다 텃밭 가꾸기
Copyright © 2017 Yummygarden
All rights reserved.
First published in Korean by Hyejiwon Publishing Co.
Simplified Chinese Translation rights arranged by Hyejiwon Publishing Co. through May Agency
Simplified Chinese Translation Copyright © 2022 by CHINA LIGHT INDUSTRY PRESS Ltd.

责任编辑：王　玲　　责任终审：劳国强　　整体设计：锋尚设计
策划编辑：王　玲　　责任校对：宋绿叶　　责任监印：张京华

出版发行：中国轻工业出版社（北京东长安街6号，邮编：100740）
印　　刷：北京博海升彩色印刷有限公司
经　　销：各地新华书店
版　　次：2023年1月第1版第1次印刷
开　　本：710×1000　1/16　印张：15.5
字　　数：200千字
书　　号：ISBN 978-7-5184-4143-3　定价：68.00元
邮购电话：010-65241695
发行电话：010-85119835　传真：85113293
网　　址：http://www.chlip.com.cn
Email：club@chlip.com.cn
如发现图书残缺请与我社邮购联系调换
210950S6X101ZYW